How Computers Work

コンピュータはなぜ動くのか

●知っておきたいハードウエア&ソフトウエアの基礎知識●

矢沢久雄 著

日経BP

はじめに

筆者は、30年ほど前からIT企業向けのセミナーで講師をしています。受講者は新入社員、または入社後数年を経た中堅社員です。まがりなりにもコンピュータのプロである若き技術者たちに触れて感じたのは、往年の技術者に比べて、技術に対する興味が驚くほど少ないことです。受講者全員がそうだというわけではありませんが、そういう人が多いのは事実です。これは、「もっと勉強しろ!」とか「それでもプロか！」と一喝して解決するような問題ではありません。彼らにとってコンピュータは、ご飯を食べるのを忘れて没頭するほど面白いものではないことが原因だからです。なぜコンピュータが面白くないのでしょうか。何人かの受講者と話をしているうちにその理由が見えてきました。コンピュータが「わからない」のです。それでは、なぜわからないのでしょう。

それは、すさまじい速さで複雑化しながら進化し、多くのコンピュータ技術があるように思われる現在では、一つひとつの技術に深く取り組む余裕がほとんどないからです。ちょっとマニュアルを見て技術の表面的な使い方だけを学び、「何となく目的を達成している」というのが現状のようです。それだけでもそれなりに学習時間がかかります。このように、ブラックボックスとして技術に触れているだけでは、けっして「わかった」と思えないはずです。わからないことをしていても、面白くありません。深く勉強する意欲もわきません。わけのわからない技術を使っているのでは、だんだん不安になってきます。残念なことですが、挫折して、この業界から去って行く人もいます。講師である筆者は、「何とかしなければ」という気持ちになります。

往年の技術者たちは、最新の複雑な技術であっても、あまり時間をかけずに理解できます。その理由は、初期のマイコンやパソコンが一般に入手できるようになった時代から幸運にもコンピュータに触れることができ、数少ない技術の中で、ゆっくりと時間をかけてコンピュータの基礎知識を学ぶことができたからです。この基礎知識は、実は現在でもほとんど変わっていません。したがって、最新の複雑な技術であっても、コンピュータの基礎知識に当てはめて考えることで、すんなりと理解できます。若い技術者と同じマニュアルを見ているときにも、要点を読みこなし、実体をつかむスピードが格段に速いのです。

何事にも、それをマスターするために知るべき「知識の範囲」があり、個々の知識には「絶対的な基礎」があります。そして、これができたら一人前という「ゴール」があります。本書の目的は、コンピュータ技術の、知識の範囲、絶対的な基礎、ゴールを、皆さんに身に付けていただくことです。これからコンピュータで何か作ってみたいけれど難しそうでためらっている人や、コンピュータ業界にいながら最新の技術に追い付けないと悩んでいる人に、コンピュータの本質を知っていただきたいと思います。コンピュータは、とてもシンプルなものであり、誰にでも理解できます。コンピュータがわかれば、コンピュータがもっともっと楽しくなります。

本書の初版は、2003年に発刊され、約20年に渡って多くの皆さんにお読みいただきました。今回の改訂にあたり、コンピュータの回路図をZ80マイコンからCOMET IIに、VBScriptのプログラムをPythonに、DBMSをMicrosoft AccessからMySQLに変更し、その他にも多くの加筆や修正を加えましたが、基本的な内容は初版と変わっていません。これは、現在でもコンピュータ技術の知識の範囲、絶対的な基礎、ゴールに、大きな違いはないからです。

2022年7月吉日

矢沢 久雄

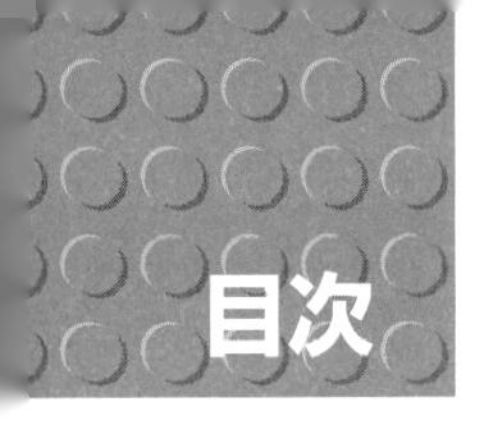

目次

ネットワークコマンドで ネットワークの仕組みを確認する　189

第10章

データを暗号化してみよう　209

第11章

そもそもXMLって何だっけ　227

SEはコンピュータ・システム開発の現場監督　247

コンピュータはなぜ動くのか
～本書で解説する主なキーワード～

絶対的な基礎（スタート）

第1章 コンピュータの三大原則とは
入力、演算、出力、命令、データ、コンピュータの都合、コンピュータが進化する理由

知識の範囲

プログラミング

第4章 川の流れのようにプログラムは流れる
順次、分岐、繰り返し、フローチャート、構造化プログラミング、イベント・ドリブン

第5章 アルゴリズムと仲良くなる7つのポイント
ユークリッドの互除法、素数、鶴亀算、線形探索、番兵

第6章 データ構造と仲良くなる7つのポイント
変数、配列、スタック、キュー、構造体、自己参照構造体、リスト、2分木

第7章 オブジェクト指向プログラミングを語れるようになろう
クラス、モデリング、UML、メッセージ・パッシング、継承、カプセル化、多態性

ゴール

第12章 SEはコンピュータ・システム開発の現場監督
ウオーターフォール・モデル、レビュー、モジュール化、ITソリューション、稼働率

本書を読めばコンピュータ技術の「絶対的な基礎」「知識の範囲」「ゴール」がわかります！

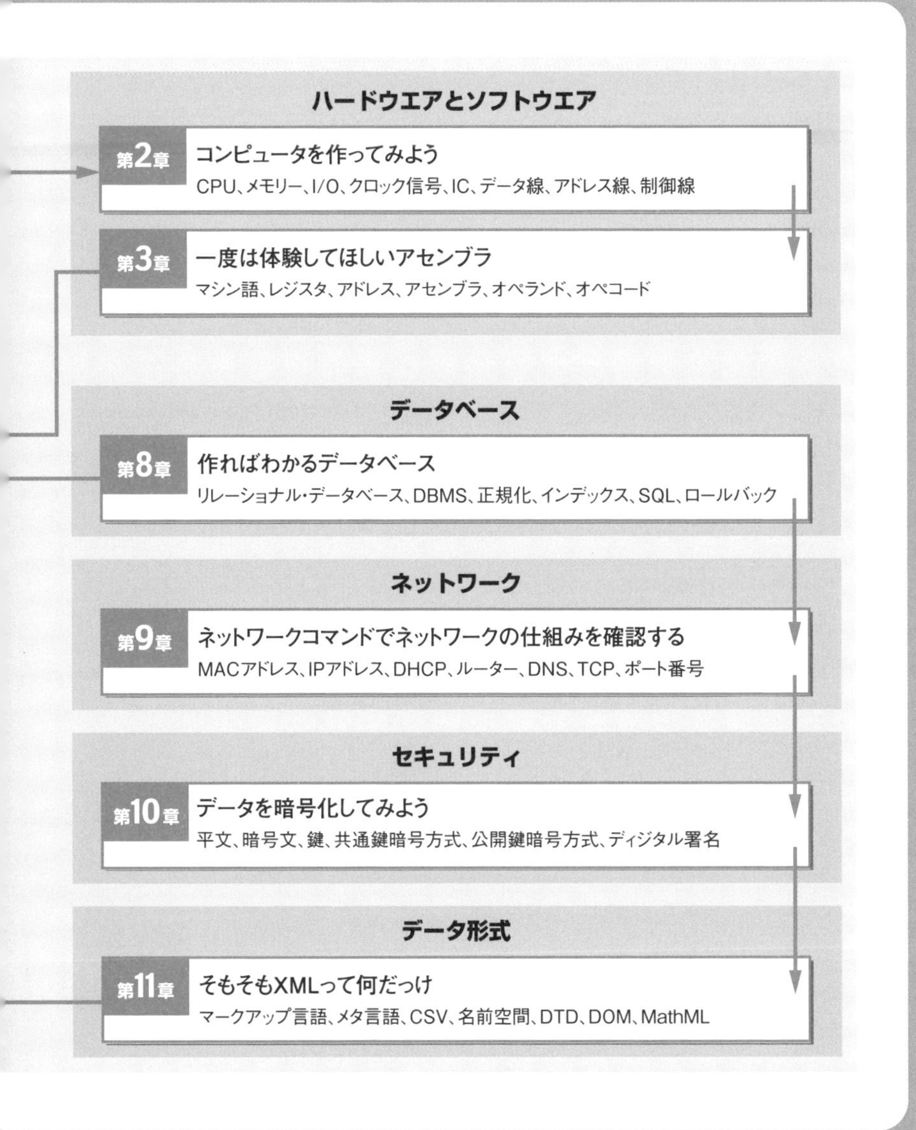

本書の構成

本書は、全部で12章から構成されており、各章の内容は「ウォーミングアップ」「この章のポイント」「本文」となっています。いくつかの「コラム」もあります。

●ウォーミングアップ

各章の冒頭には、「ウォーミングアップ」として簡単なクイズを掲載していますので、ぜひ挑戦してください。興味を持って本文の説明を読めるようになるからです。

●この章のポイント

「この章のポイント」は、本文で説明するテーマを示したものです。その章の内容が、皆さんの求めているものであるかどうかを確認するためにお読みください。

●本文

「本文」では、皆さんに語りかけるスタイルで、各章のテーマに掲げられた観点からコンピュータが動作する仕組みを説明します。PythonやC言語のサンプル・プログラムが登場することがありますが、それらの知識がなくても読みこなせるようにしてあります。

●コラム「セミナーの現場から」

「コラム」では、これまでに筆者が講師を務めてきたセミナーの現場から、いくつかの経験談を紹介します。あるときは講師の身になって、またあるときは受講者の身になってお読みください。きっと皆さんのお役に立つと思います。

*本書では、特定のハードウエア製品やソフトウエア製品に依存しない知識を提供するように心がけています。ただし、具体例を示す場合には、Windowsパソコン、Windows 11などを題材としています。また、各ソフトウエアは、本書の執筆時点での最新バージョンを基に記述しており、今後のバージョンアップで変更が生じる可能性があることもご了承ください。

第1章

コンピュータの3大原則とは

ウォーミングアップ

本文を読む前に、ウォーミングアップとして以下のクイズに挑戦してください。

初級問題

ハードウエアとソフトウエアの違いは何ですか？

中級問題

「ﾘﾝｺﾞ」という半角の文字列は、何文字ですか？

上級問題

コード（code）とは何ですか？

いかがだったでしょうか。改めて聞かれると、簡潔に答えられない問題もあったでしょう。答えと解説を以下に示しておきます。

初級問題：コンピュータ本体、ディスプレイ、キーボードなどのように、手で触れられる装置となっているものがハードウエアです。コンピュータによって実行されるプログラムの命令とデータがソフトウエアです。ソフトウエアは、手で触れられません。

中級問題：「ﾘﾝｺﾞ」という半角の文字列は、４文字です。

上級問題：コードは、コンピュータで取り扱うために数値化された情報です。

解説

初級問題：ハードウエア（hardware）とは「硬いもの」という意味です。ソフトウエア（software）とは「軟らかいもの」という意味です。手で触れられるものであるかどうかを、「硬い」「軟らかい」という言葉で表しているのです。

中級問題：半角文字では、濁点が独立した１文字となります。「ﾘﾝｺﾞ」という半角の文字列は、「ﾘ」「ﾝ」「ｺ」「ﾞ」の４文字です。全角の文字列なら「リ」「ン」「ゴ」の３文字です。

上級問題：コンピュータは、本来数値でない情報であっても、内部的に数値として取り扱い、これをコードと呼びます。たとえば、文字を数値で表したものは「文字コード」であり、色を数値で表したものは「色コード」です。

現在では高度に複雑化してしまったように思えるコンピュータですが、その基本的な仕組みは驚くほどシンプルです。初期のコンピュータの時代からほとんど変わっていません。コンピュータを取り扱ううえで絶対的な基礎となることは、たったの3つだけです。これを「コンピュータの3大原則」と呼ぶことにしましょう。どんなに高度で難解な最新技術であっても、この3大原則に照らし合わせて説明できます。

コンピュータの3大原則を知れば、目の前が一気に開けたような気持ちになるでしょう。今まで以上にコンピュータを身近に感じられるようになるでしょう。新しい技術が次々と考案され続ける理由もわかります。本書の内容は、この章で説明するコンピュータの3大原則をベースに、ハードウエアとソフトウエア、プログラミング、データベース、ネットワーク、そしてコンピュータ・システムと展開していきます。第2章以降も、常にコンピュータの3大原則を念頭に置いて読んでください。

コンピュータの絶対的な基礎は3つある

それでは、さっそくコンピュータの3大原則をお教えしましょう。

1. コンピュータは、入力、演算、出力を行う機械である
2. プログラムは、命令とデータの集合体である
3. コンピュータの都合は、人間の感覚と異なる場合がある

コンピュータは、ハードウエアとソフトウエアから構成されています。ハードウエアとソフトウエアの違いは、ゲーム機（ハードウエア）と光ディスクやゲームカードに収録されたゲーム（ソフトウエア）のことだと考えてください。ハードウエアとソフトウエアのそれぞれに基礎がある（3大原則の1と2）ということは納得できますね。

これらに加えて重要なのが、コンピュータにはコンピュータの都合が

あるということです。コンピュータの都合が、人間の感覚に合わない場合が多々あることを知ってください(3大原則の3)。

コンピュータの3大原則は、かれこれ40年以上コンピュータにかかわってきた筆者が、しみじみ感じていることです。本書を皆さんの周りのコンピュータに詳しい人に見せてください。「確かにその通りだ」とか「こんなこと当たり前だ」と言ってくれるはずです。往年の技術者たちは、無意識のうちにコンピュータの3大原則を身に付けてきたのです。これからコンピュータに深くかかわろうとしている人には、すぐにピンと来ないこともあるかもしれませんが、3大原則の具体的なイメージをつかんでいただく説明をしていきますので、どうぞご心配なく。

ハードウエアの基礎は入力、演算、出力

まずハードウエアの基礎から説明します。コンピュータをハードウエア的に見ると、入力、演算、出力の3つを行う機械だと言えます。コンピュータのハードウエアはいくつかの「IC (Integrated Circuit、集積回路)」から構成されます(**図1.1**)。個々のICには数多くのピンがついています。これらのピンは、入力用または出力用のいずれかです。いくつかのICが連携して、外部から入力された情報を内部で演算し、その結果を

図1.1　ICのピンは入力用または出力用のいずれかである

外部に出力します。演算というと難しく聞こえるかもしれませんが、計算と同じ意味です。たとえば「1」と「2」という情報を"入力"して、それらを加算するという"演算"を行い、その結果である「3」を"出力"するのがコンピュータなのです。

個人用のパソコンだけでなく、大規模な業務システムを見る場合でも、何らかのプログラムを作る場合でも、常に、入力、演算、出力の3つをセットで考えることが重要です。この3つしかできないのですから、コンピュータなどシンプルなものです（**図1.2**）。

いやいや、それはウソだ。コンピュータはもっとずっとさまざまなことができる――と、思う方もいらっしゃるでしょう。確かに、ゲーム、ワープロ、表計算、グラフィックス、電子メール、Webページ閲覧など、コンピュータにはいろいろなことができます。しかし、どんなに複雑な機能であっても、入力、演算、出力を1つの単位とし、それらを数多く組み合わせて実現しているのは、まぎれもない事実なのです。コンピュータを使って何かをしようと思ったら、どのような入力を行い、どのような出力を得ればよいか、そして、入力から出力を得るためには、どのような演算をすればよいかを考えるのです。

この入力、演算、出力は、必ずセットになっています。どれかが欠けることは絶対にありません。理由を説明しましょう。現在のコンピュータは、自ら何かを考えて情報を生み出すことはできません。したがって、

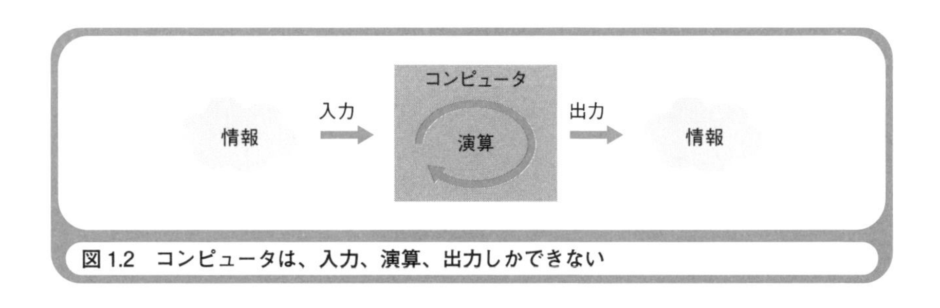

図1.2　コンピュータは、入力、演算、出力しかできない

何らかの情報を入力しなければコンピュータは動作しません。入力は必要不可欠です。演算を行わないこともありえません。入力された情報をそのまま素通りさせて（演算しないで）出力したら、それはコンピュータではなく、ただの電線です。演算なしでは意味がありません。入力された情報を演算したら、その結果が必ず出力されます。もしも結果を出力しなかったら、それはコンピュータではなく情報のゴミ箱です。出力もなくてはならないものです。

ソフトウエアは命令とデータの集合体

次は、ソフトウエアすなわちプログラムの基礎です。プログラムは、命令とデータの集合体にすぎません。どんなに高度で複雑なプログラムであっても、その内容は命令とデータから構成されています。とてもシンプルなものです。命令とは、入力、演算、出力をコンピュータに指示するものです。コンピュータに対する命令を書き並べたものがプログラムです。入力、演算、出力のセットは、ハードウエアの基礎で説明したことと一致しますね。コンピュータに対する命令が、コンピュータのハードウエア的な動作と一致するのは当然です。

プログラミングでは、ひとかたまりの命令群に名前を付け、「関数」「ステートメント」「メソッド」「サブルーチン」「副プログラム」などと呼びます。ちょっと余談になりますが、コンピュータ業界では、同じことを表すのにさまざまな用語があることに注意してください。どれか1つの呼び名にしたいと思うなら、一般的に通じやすい関数と呼ぶことをお薦めします。

データは、命令の対象となるものです。プログラミングでは、データに名前を付け、これを「変数」と呼びます。皆さんは、変数や関数という言葉から数学を想像するでしょう。まさにその通りで、多くのプログラミング言語では、

```
y = f(x)
```

という構文が使われます。これは、数学の関数と同じ表現であり、fという名前の関数にxという変数を入力すると、関数内部で何らかの演算が行われ、その結果が変数yに代入（出力）されることを意味しています。すべての情報を数値で表し、それを演算するのがコンピュータなのですから、プログラミング言語の構文が数学に似たものとなるのは当然です。どちらも数を扱うからです。数学の変数や関数の名前は、1文字で表すことが多いですが、プログラムの変数や関数の名前には、複数文字を使うことがよくあります。すなわち、

```
answer = function(data)
```

のように長い名前を使った表現をよく使います。むしろ、こうすることの方が一般的です。

プログラムが命令とデータの集合体である証拠をお見せしましょう。**リスト1.1**をご覧ください。これは、「C言語」というプログラミング言語で記述したプログラムの一部です。C言語では、命令の末尾にセミコロン(;)を置きます。

リスト1.1　C言語のプログラムの例（一部）

```
int a, b, c;
a = 10;
b = 20;
c = average(a, b);
```

```
int a, b, c;
```

の部分は、「a、b、cという名前で整数の変数を用意せよ」という意味です。intはintegerの略で「整数」ということをコンピュータに指示しています。次の行の

```
a = 10;
```

で変数aに10という値を代入しています。 b = 20; も同様に変数bに20という値を代入しています。イコール(=)は、「値を代入しろ」という命令です。最後の

```
c = average(a, b);
```

という部分で使われているaverageという名前の関数は、2つの引数(関数のカッコの中に指定するデータ)の平均値を返すと考えてください。この関数の引数に変数aとbを与え、その演算結果を変数cに代入します。つまり、c = average(a, b); は、「関数averageを呼び出して(関数を使うことを呼び出すといいます)aとbの平均値を求めて、その結果を変数cに代入せよ」という命令です。以上のことから、確かにプログラムは命令とデータだけから構成されていることがわかるはずです。

とはいえ、少しでもプログラミング経験がある人なら、「リスト1.1に示したプログラムは、つじつま合わせの簡単なものだ、本格的なプログラムは、もっともっとさまざまな表現が使われる複雑なものであり、とても命令とデータの集合体とはいい切れないのではないか?」と思われるかもしれません。いえいえ、本当にそうなのです。どんなに複雑なプログラムであっても、命令とデータの集合体にすぎないのです。これも証拠をお見せしましょう。

一般的なプログラミングでは、C言語などのプログラミング言語で記述

されたファイル（ソース・コードと呼びます）をマシン語（ネイティブ・コードと呼びます）のファイルに変換してから実行します。マシン語に変換することをコンパイルと呼びます。リスト1.1をsample.cというファイル名で保存し、それをコンパイルしてsample.exeという実行可能なプログラムのファイルができたとしましょう。ファイルの内容を見るツールを使って、sample.exeの中身を調べると、**リスト1.2**のようになっていることがわかります。ただの数値（ここでは16進数で表しています）の羅列ですね。これが、マシン語です。

リスト 1.2　マシン語のプログラムの例

```
C7 45 FC 01 00 00 00 C7 45 F8 02 00 00 00 8B 45
F8 50 8B 4D FC 51 E8 82 FF FF FF 83 C4 08 89 45
F4 8B 55 F4 52 68 1C 30 42 00 E8 B9 03 00 00 83
```

どれでもいいですから、リスト1.2に示された数値を1つ指で差してみてください。その数値は何を意味しているのでしょうか？ 代入や加算などの命令の種類を表す数値か、命令の対象となるデータを表す数値のいずれかです。たとえば、最初のC7が命令で、2番目の45がデータといった具合です（あくまでイメージですが）。皆さんがお使いのWindowsパソコンの中には、拡張子が.exeとなった実行可能なプログラムのファイルがいくつもあるはずです。どんなプログラムでも中身は数値の羅列になっていて、個々の数値は 命令またはデータのいずれかです。

コンピュータは何でも数値で表す

3大原則の最後は、コンピュータには都合があるということです。コンピュータ自体は、特定の仕事をしてくれるものではありません。もしも、コンピュータが自発的に仕事をしてくれるなら、筆者は何百台もコンピュータを買い込んで、1年中仕事をさせておくでしょう。しかし、そうしてお金を稼いでくれるコンピュータなどありません。コンピュータは、人間によって使われる道具なのです。

コンピュータは、これまで人間が手作業で行っていたことを効率化するために使われます。たとえばワープロは文書作成を効率化します。電子メールは郵便配達を効率化します。効率化の道具であるコンピュータは、何らかの手作業の業務を置き換えるものとなります。しかしながら、手作業をそのままの形で置き換えられない場合が多々あります。すなわち、コンピュータの都合に合わせた置き換えとなり、人間の感覚に合わないことがあるのです。このことを十分に意識してください。

コンピュータの都合の代表例は、すべての情報を数値で表すことです。これこそ、人間の感覚に合わない最たるものでしょう。たとえば、人間は色の情報を「青い」とか「赤い」という言葉で表します。これをコンピュータに置き換えるなら、青色は「0,0,255」、赤色は「255,0,0」、青色と赤色を混ぜた紫色は「255,0,255」のように数値で表さなければなりません。色だけでなく文字も、コンピュータの内部では「文字コード」と呼ぶ数値で取り扱われています。とにかく何でもかんでも数値で表すのがコンピュータなのです。

コンピュータに詳しい人が「ここでファイルをオープンし、ファイル・ハンドルを得て...」などと難しい話をしたとしましょう。「公開鍵で暗号化した文書を秘密鍵で復号して...」なんて話をするかもしれません。さてさて「ファイル・ハンドル」とは何でしょう？ ――数値です。「公開鍵」って何でしょう？ ――数値です。「秘密鍵」は？ ――もちろん数値です。このように、コンピュータが取り扱うものは何でも数値なのです。人間の 感覚にはちょっとなじみませんが、実にシンプルなものです。

ここで、筆者の若かりし頃の恥ずかしい思い出話を披露しましょう。先輩プログラマと打ち合わせをしていたときのことです。筆者は「このプログラムで取り扱う○○というデータは、内部的に数値ですよね？」と先輩に聞いてしまいました。先輩は、あきれたようにポカンと口を開けてから言いました。「当たり前だろ！」

何でも数値で表すこと以外にも、コンピュータの都合が人間の感覚に合わないことがあります。これも、筆者の恥ずかしい思い出話です。学生時代の物理の実験で、初めてキーボードの付いたパソコンなるものに触れたときのことでした。実験結果をパソコンに入力すると、合否を判定してくれるようになっていましたが、初めて触れるキーボードという入力装置は、何とも不思議なものに見えました。先生が「はじめに自分の名前を入力してください」というので、「やざわ」と入力するため必死にカナキーを探しました。まず「ﾔ」を入力しました。次に「ざ」を探したのですが、見つからないので仕方なく「ｻ」を入力し、最後に「ﾜ」を入力しました。つまり「ﾔｻﾜ」と入力したわけです。それを見た先生は、「君は、ヤサワっていうのかい？」とあきれたように言いました。私は言い返しました。「えっ？　だって『ざ』のキーがありませんよ」。先生も言い返します。「濁点は別のキーになっているんだよ！」… きっとヤマタ（山田）君とススキ（鈴木）君も、筆者と似たような思い出をお持ちのことでしょう。

人間の感覚では「やざわ」は３文字です。ところがカナを半角文字でしか入力できなかった当時のコンピュータでは、「やざわ」は、「ﾔ」「ｻ」「ﾞ」「ﾜ」の４文字なのです（**図1.3**）。コンピュータの都合を理解していれば問題は

人間の感覚…「やざわ」は3文字である

や　ざ　わ

コンピュータの都合…「やざわ」は4文字である

ヤ　サ　゛　ワ

図 1.3　人間の感覚とコンピュータの都合が合わない場合

ありませんが、理解していないとコンピュータを道具として使う人間は困ることになるのです。現在でもコンピュータには、人間の感覚に合わない都合が多々あることに注意してください。

コンピュータは人間に近づくために進化し続ける

コンピュータを取り巻く技術は、日進月歩というより秒進分歩（?）の猛スピードで進化を続けています。「もう十分だから現状の技術でストップしてほしい」と願っている人がいるかもしれませんが、コンピュータの進化は止まりません。なぜなら、コンピュータは、まだまだ完成の域に達していないからです。

コンピュータ技術が進化する目的の多くは「人間に近づくこと」です。人間に近づくには、コンピュータの都合で人間の感覚に合わなくなっている部分を解消する必要があります。このことをコンピュータの3大原則の1つである「コンピュータには都合がある」と合わせて覚えておいてください。

たとえば、半角文字で4文字だった筆者の名前は、全角文字が考案されたことで、めでたく3文字になりました。キーボードという使いづらい入力装置は、タッチパネルという使いやすい入力装置に進化しました。平面的な2D（2次元）のゲームは、立体的な3D（3次元）のゲームに進化しました。どれも、コンピュータの都合を人間に近づけるための進化です。

そうなると、コンピュータの最終的な進化形態とは、人間の形をしていて人間の言葉で使えるロボットということになるかもしれません。たとえば、かなり昔の話ですが、1985年に茨城県つくば市で開催された「科学万博つくば'85」では、CCDカメラで譜面を読んでピアノを弾くロボットが展示されました。「コンピュータ・ミュージックなどパソコンでもできるじゃないか」と思われるかもしれませんが、人間と同じことができることに意味があるのです。これもかなり昔の話ですが、ホンダが開発した2足歩行ロボットが話題になったこともありました。「なんでわざわざ2本足で歩く必要があるのだ。車輪で動けば十分ではないか」と思われるかもしれませんが、これも人間と同じことができることに意味があるのです。ロボットは人間の社会で使われるものです。譜面とピアノがあれば演奏できたり、人間が歩く道や階段を移動できたりする方が便利に決まっています。

皆さんの身近にあるパソコンも、昔に比べれば、ずいぶん人間に近づいてきました。1980年代の半ば頃に主流だったパソコン用OS(Operating System)は、真っ黒な画面に文字を打ち込んで命令を与えるCUI(Character User Interface)のMS-DOSでした。このMS-DOSは90年代に入ると、ビジュアルな画面でマウスを使って直感的に命令を与えられるGUI(Graphical User Interface)のWindowsに進化します(**図1.4**)。

さらに、Windowsを開発した米Microsoftは、より人間の感覚に近いユーザー・インタフェース(コンピュータの操作方法)を目指し、それを「ユーザー体験(ユーザー・エクスペリエンス)」と呼びました。当時のWindows XPやOffice XPの末尾に付けられたXPは、「experience=体験」を意味しています。このままWindowsが進化を続けていけば、いずれパソコンへの音声入力や手書き入力などが当たり前のように使われる日が来るだろうと思っていたら、本当にできるようになりました。それがコンピュータの進化というものだからです。

読者の皆さんの中には、プログラミングに興味を持っている方もいらっしゃるでしょう。プログラミング手法にも進化があります。それは、コンポーネント・ベース・プログラミング(Component Based Programming)やオブジェクト指向プログラミング(Object Oriented Programming)と呼ばれるものです。これらは、どちらも人間が物作りをするのと同様の感覚でプログラミングができることを目的とした進化です。コンポーネン

図 1.4　パソコン用 OS も人間に近づくために進化している

ト・ベース・プログラミングとは、コンポーネント（プログラムの部品）を組み合わせてプログラムを完成させる手法です。オブジェクト指向プログラミングは、現実世界の物や生き物をプログラムにモデル化して置き換えるものです。人間の感覚に合ったプログラミング手法を使うことで、効率的な開発ができるようになります。

ところが、コンポーネント・ベース・プログラミングを敬遠し、せっかくさまざまなコンポーネントが利用できるのに、プログラムを一から十まですべて自分の手で作らないと気が済まないプログラマがいます。オブジェクト指向プログラミングは、難しくて理解できないと思い込んでいるプログラマもいます。このようなプログラマは、特に往年の技術者の中に多いようです。つまり、コンピュータの都合に合わせることに慣れ切ってしまっているため、コンピュータが人間に近づくことが、かえって面倒なのです。

筆者は、若手技術者であってもベテラン技術者であっても、技術の進化を心から歓迎し、素直に受け入れるべきだと思います。昔ながらの手法で作られた手作りの伝統工芸品なら価値があるかもしれませんが、昔ながらの手法で作られた手作りのプログラムをめずらしがって喜ぶ人はいないからです。

次章のためにちょっと予習

最後に、第2章の予習として、コンピュータ（ここでは、デスクトップ・パソコンを想定しています）のハードウエアの構成要素を簡単に説明しておきます。決して難しい話はしません。とにかく**図1.5**を見て、イメージをつかんでください。コンピュータの内部は、主にICと呼ばれる装置から構成されています。ICにはさまざまな機能のものがありますが、皆さ

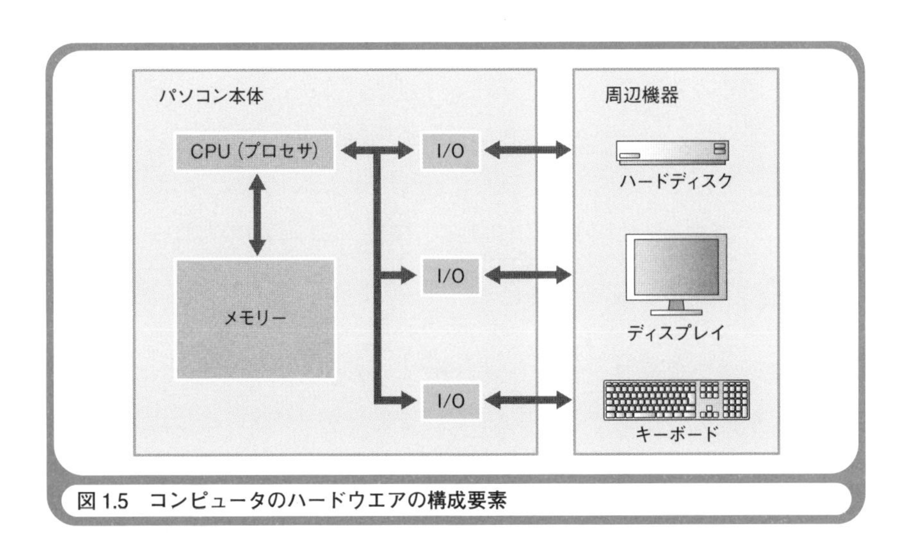

図1.5　コンピュータのハードウエアの構成要素

んに覚えておいてほしいのは「CPU（プロセサ）」「メモリー」、および、「I/O（アイ・オー）」の3つだけです。

CPUはコンピュータの頭脳であり、プログラムを解釈・実行し、内部で演算を行い、メモリーとI/Oを制御します。メモリーは、命令とデータを記憶します。I/Oは、パソコン本体と、ハードディスク、ディスプレイ、キーボードなどの周辺装置を接続して、データの受け渡しをします。

皆さんがお使いのWindowsパソコンの中には、一般的にCPUが1つだけ装備されています。メモリーは、記憶容量（4G～8Gバイト程度でしょう）に応じて複数が装備されています。I/Oも、周辺装置の種類と数に応じて複数が装備されています。

CPU、メモリー、および I/Oが持つピンを電線で相互に接続し、個々のICに電源を与え、CPUにクロック信号を供給すれば、ハードウエアとしてのコンピュータが完成です。実にシンプルなものです。クロック信号とは、水晶を内蔵したクロック・ジェネレータと呼ばれる部品によって発生されるカチカチという電気信号です。現在主流のCPUなら3GHz～4GHz程度のクロック信号を使います。

☆　　　☆　　　☆

皆さんお疲れさまでした。これで第1章は終わりです。コンピュータの3大原則と、コンピュータの進化の目的を理解していただけましたね。本当に重要なことですから、1回読んで理解できなかったら、何度でも読み返してください。会社や学校の仲間と一緒に、この章の内容についてディスカッションされるのもよいでしょう。先輩技術者にもディスカッションに加わっていただくと、よりいっそう理解が深まるでしょう。

次の第2章では、コンピュータを作ってみます。作るとはいっても、回路図の配線を色鉛筆でなぞるだけの“擬似体験”です。はじめは、ものすごく難しく感じるかもしれませんが、実際にやってみれば、とても簡単だとわかるはずです。どうぞお楽しみに！

第2章

コンピュータを作ってみよう

ウォーミングアップ

本文を読む前に、ウォーミングアップとして以下のクイズに挑戦してください。

初級問題

CPUは何の略語ですか？

中級問題

Hzは何を表す単位ですか？

上級問題

CPUが持つアドレス線が16ビットの場合に、指定できるアドレスの範囲は、何番地〜何番地ですか？

いかがだったでしょうか。改めて聞かれると、簡潔に答えられない問題もあったでしょう。答えと解説を以下に示しておきます。

初級問題：CPUは、Central Processing Unit（中央演算処理装置）の略語です。

中級問題：Hz（ヘルツ）は、周波数を示す単位です。

上級問題：2進数で0000000000000000番地～1111111111111111番地（10進数で0番地～65535番地）です。

解説

初級問題：CPUは、コンピュータの頭脳であり、プログラムの内容を解釈・実行します。CPUのことを「プロセサ」と呼ぶこともあります。

中級問題：CPUを動作させるクロック信号の周波数は、Hzという単位で示します。1秒間に1回のクロック信号を生成することが1Hzなので、たとえば3GHz（ギガヘツル）なら3×10億＝30億回／秒となります。G（ギガ）は、10億という意味です。

上級問題：CPUは、アドレス線を使って、メモリーやI/Oのアドレスを指定します。1本の電線で1ビット（2進数の1桁）を伝えるので、アドレス線が16ビットなら、0000000000000000番地～1111111111111111番地の範囲のアドレスを指定できます。この範囲を10進数で表すと、0番地～65535番地です。

この章のポイント

コンピュータの根本的な動作原理を知るためには、コンピュータを作ってみるのが一番よい方法だと思います。ただし、実際に装置や部品を集めてコンピュータを作るには、時間もお金もかかるので、擬似体験することにしましょう。皆さんに用意してほしいものは、コンピュータの回路図と色鉛筆だけです。本書の巻末にある回路図をコピーしたら、筆者の説明に合わせて、流れるデータや制御信号の役割を確認しながら、配線（装置や部品をつなぐ電線）を色鉛筆でなぞってください。それが実際の配線作業の代わりです。すべての配線が終わったらコンピュータの完成です。

これだけでも、とてもよい勉強になります。コンピュータの動作原理が手に取るようにわかるはずです。ハードウエアに対する苦手意識が解消して、コンピュータに親しみを感じられるようになります。この機会にコンピュータ作りを、ぜひ擬似体験してください。

コンピュータを構成する装置や部品

この章で作るコンピュータは、COMETⅡ（コメット・ツー）という名前です。COMETⅡは、基本情報技術者試験で取り上げられている架空のコンピュータです。架空であっても、実際のコンピュータと同様の機能を備えているので、学習題材として十分です。COMETⅡを選んだのは、第3章でCOMETⅡ用のアセンブラであるCASLⅡ（キャスル・ツー）を使うからです[*1]。

図2.1にコンピュータの回路図を示します。この回路図は、COMETⅡの仕様を基にして筆者が独自に作成したものです。使用している装置は、CPU、メモリー、I/O、クロック・ジェネレータです。実際に動作する

＊1　令和5年度4月以降に実施される基本情報技術者試験では、プログラミング言語が出題されないので、COMETⅡとCALSⅡは取り上げられません。本書執筆時点で入手可能なCOMETⅡとCALSⅡに関する過去問題は、令和元年度秋期試験までのものであり、独立行政法人情報処理推進機構のWebページ（https://www.jitec.ipa.go.jp/）からダウンロードできます。過去問題には、COMETⅡとCALSⅡの仕様も添付されています。

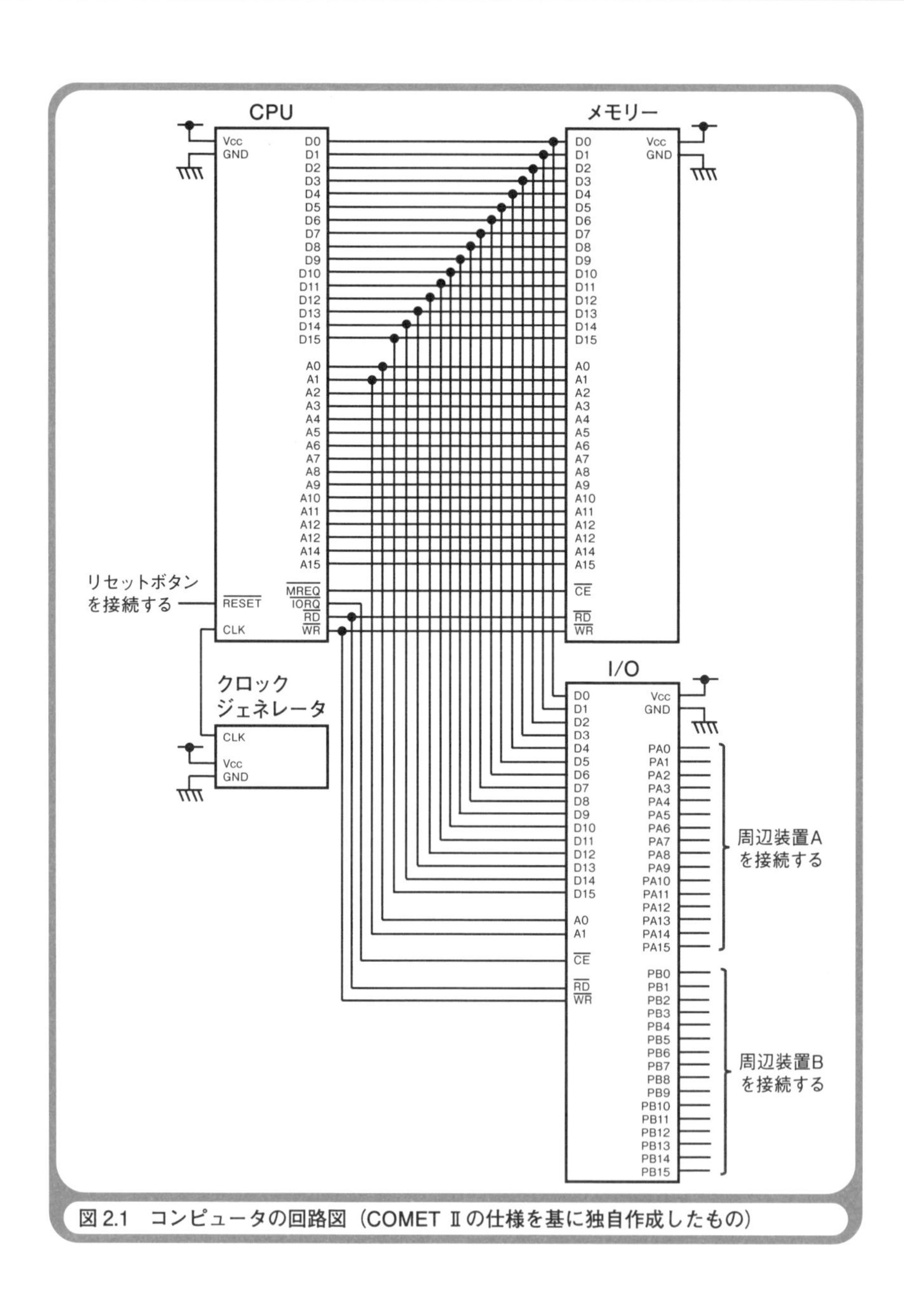

図 2.1　コンピュータの回路図（COMET Ⅱの仕様を基に独自作成したもの）

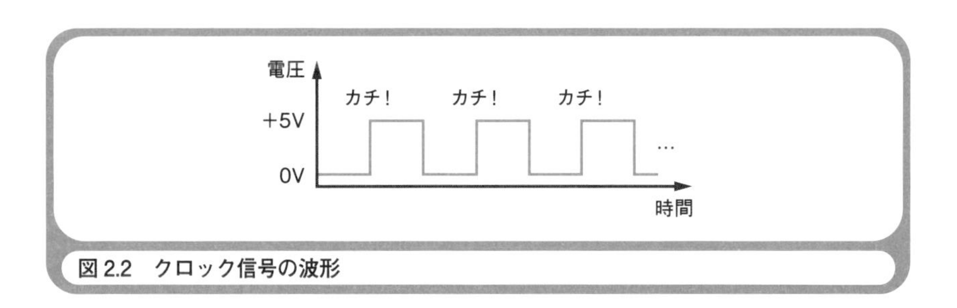

図 2.2　クロック信号の波形

コンピュータを作成する場合は、ここに示した装置の他に、抵抗やコンデンサなどの部品が必要になりますが、ここでは省略しています。

CPUはコンピュータの頭脳であり、プログラムを解釈・実行します。メモリーは、プログラムの命令やデータを記憶します。I/Oは、Input/Outputの略で、コンピュータと周辺装置を接続します。CPU、メモリー、I/Oは、それぞれがICとして提供されています。

CPUを動作させるためには、「クロック信号」と呼ぶ、時計のようにカチカチと電圧の高低を繰り返す電気信号が必要になります（**図 2.2**）。このクロック信号を生成する装置が、クロック・ジェネレータです。クロック・ジェネレータの中には水晶（クリスタル）があり、その周波数（振動数）に応じてクロック信号を生成します。クロック信号の周波数は、CPUの動作速度を示す尺度となります。クロック信号の単位は、Hz（ヘルツ）です。たとえば、クロック信号が3GHzなら、1秒間に30億回のカチカチ信号です。

CPU、メモリー、I/O の中には箱がある

CPU、メモリー、I/OのICの内部では、膨大な数のトランジスタが集積されています。ただし、外部からICを利用する人（ICをつなぐ配線をする人やプログラムを作る人）から見ると、それぞれの内部には箱があると考えられます。

CPUの内部にある箱は、プログラムの解釈・実行とデータの演算を行うための箱です。メモリーの中にある箱は、プログラムの命令やデータを記憶するための箱です。I/Oの中にある箱は、キーボードやディスプレイなどの周辺装置と受け渡すデータを格納するための箱です。どのような種類の箱があるのかは、CPU、メモリー、I/Oの種類により異なります。

図2.3に、COMET IIのCPUの内部構造を示します。CPUの中にある箱は、「レジスタ」と呼ばれ、GR0やGR1などの名前で区別されます。それぞれのレジスタには、サイズがあり「ビット」という単位で示されます。ビットとは、2進数の1桁のことです。GR0～GR7は、任意の演算に使うレジスタであり、サイズは16ビットです。したがって、2進数で16桁の0000000000000000～1111111111111111の範囲のデータの演算ができます。このように16ビットのデータの演算ができるCPUを「16ビットCPU」と呼びます。その他のレジスタの役割は、第3章でアセンブラのプログラムを作るときに説明します。

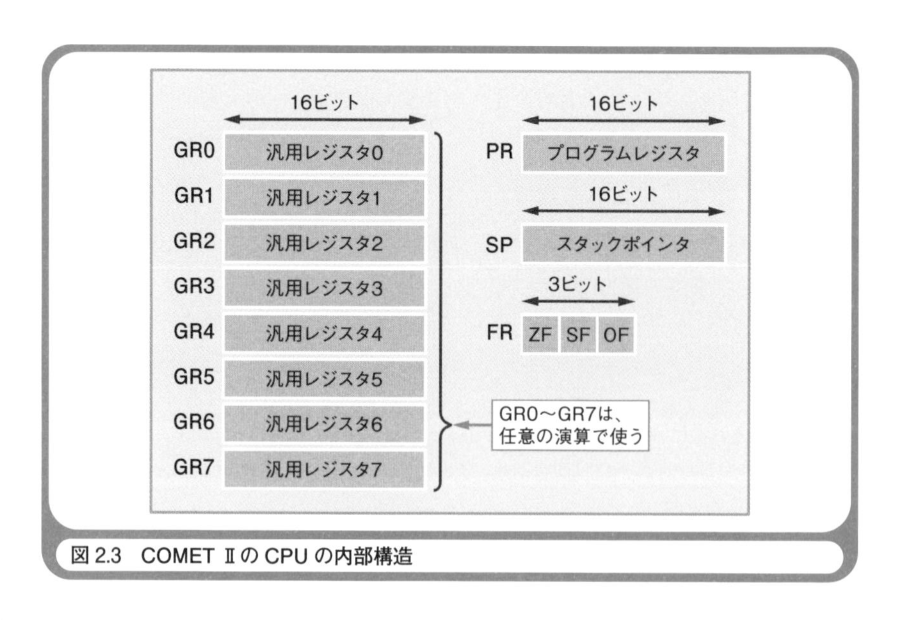

図2.3　COMET IIのCPUの内部構造

図2.4にCOMET Ⅱのメモリーの内部構造を示します。メモリーの中にある箱のサイズは16ビットであり、0から始まる番号で区別されます。この番号を英語で「アドレス (address)」と呼ぶので、日本語では「番地」と呼びます。箱は、全部で65536個あり、0番地～65535番地のアドレスで区別されます。先頭が1番地ではなく0番地なので、最後の箱は65536番地ではなく65535番地です。きりが悪いと感じるかもしれませんが、コンピュータが内部で使っている2進数で示すと、0番地～65535番地は、0000000000000000番地～1111111111111111番地になり、ちょうど16ビットで表せる範囲になります。COMET Ⅱのメモリーは、箱に格納するデータのサイズも、箱を区別するアドレスの桁数も、16ビット(2進数で16桁)なのです。

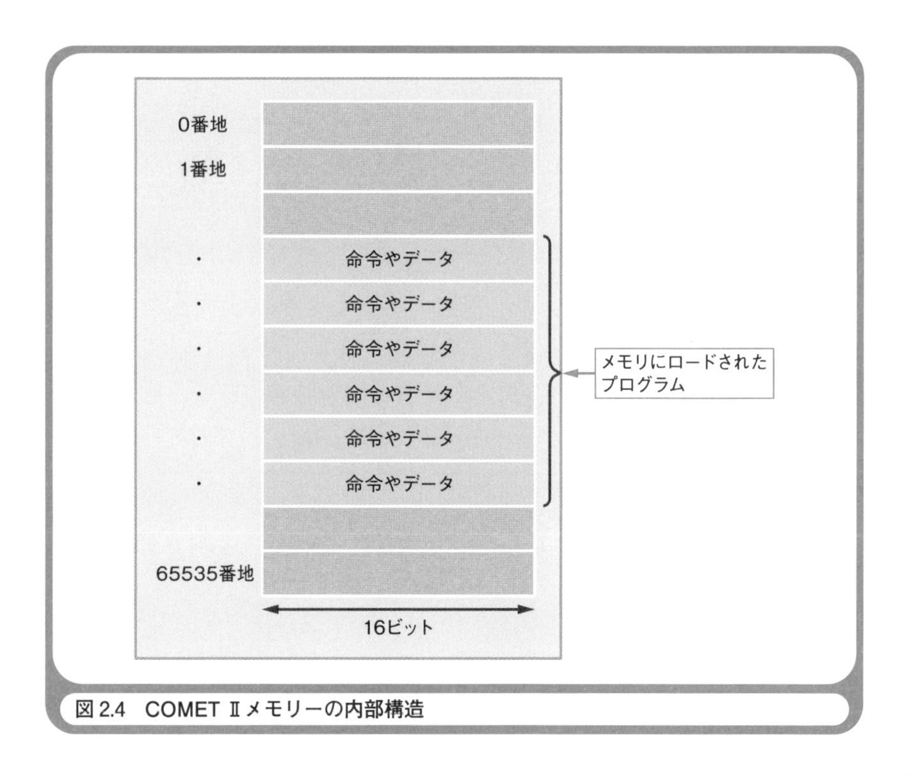

図2.4　COMET Ⅱメモリーの内部構造

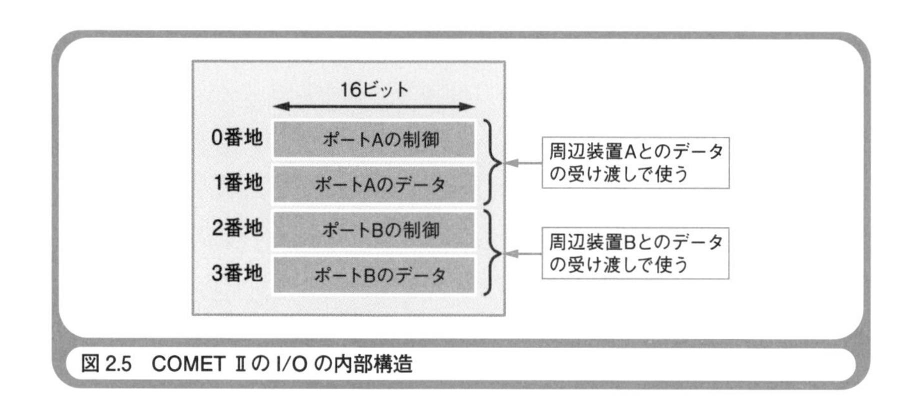

図2.5　COMET Ⅱの I/O の内部構造

図2.5にCOMET ⅡのI/Oの内部構造を示します[*2]。I/Oの中にある箱のサイズも16ビットであり、0から始まるアドレスで区別されます。アドレスの範囲は0番地〜3番地(2進数で00番地〜11番地)です。このI/Oには、2つの周辺装置を接続できるので、それぞれを周辺装置Aと周辺装置Bと呼ぶことにしましょう。周辺装置とコンピュータをつなぐ部分を「ポート」と呼びます。周辺装置Aとコンピュータをつなぐ部分はポートAであり、周辺装置Bとコンピュータをつなぐ部分はポートBです。「ポートAの制御」という箱では、ポートAに入力装置と出力装置のどちらをつなぐかなどの設定を行い、「ポートAのデータ」という箱には、ポートAと周辺装置で受け渡すデータを格納します。同様に、「ポートBの制御」という箱では、ポートBに入力装置と出力装置のどちらをつなぐかなどの設定を行い、「ポートBのデータ」という箱には、ポートBと周辺装置で受け渡すデータを格納します。

回路図の読み方

配線作業を始める前に、回路図の読み方を説明しておきましょう。

＊2　COMET Ⅱの仕様には、I/Oに関する記述がないので、実在するI/Oに似せた内部構造にしてあります。

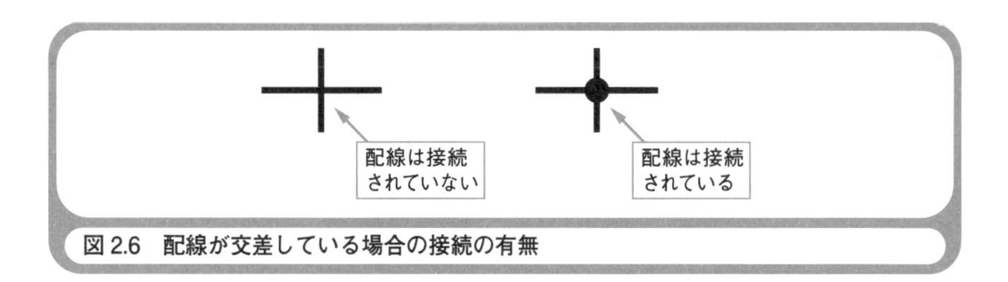

図2.6 配線が交差している場合の接続の有無

CPU、メモリー、I/O、クロック・ジェネレータは、四角形で示します。実際の装置では、周辺や裏側にピンが並んでいますが、回路図では、四角形の任意の位置にピンを配置して構いません。これは、実際の配置と同じにすると、ピンをつなぐ配線が複雑になってしまうからです。それぞれのピンには、A0やD0などの役割を書き添えて、どのピンであるかがわかるようにします。

装置をつなぐ配線は、電線1本で1ビットの2進数を伝えます。電圧が低ければ0を伝え、高ければ1を伝えます。どのような電圧を使うのかは、ICの種類によって違いがあります。この回路図では、0V（ボルト）と＋5Vを使います。回路図に多くの電線があるのは、16ビットのデータを伝えるためには16本の電線が必要であり、16ビットのアドレスを伝えるためにも16本の電線が必要だからです。

電線が交差している部分は、そこに丸印があれば接続されていて、丸印がなければ接続されていません（立体交差していると考えてください）。これは、接続されていないことを電線を迂回させて示すと、配線が複雑になってしまうからです（**図2.6**）。

電源を配線する

それでは、コンピュータの回路図の配線作業を始めましょう。筆者の説明に合わせて、流れるデータや制御信号の役割を確認しながら、配線を色鉛筆でなぞってください。それが実際の配線作業の代わりです。

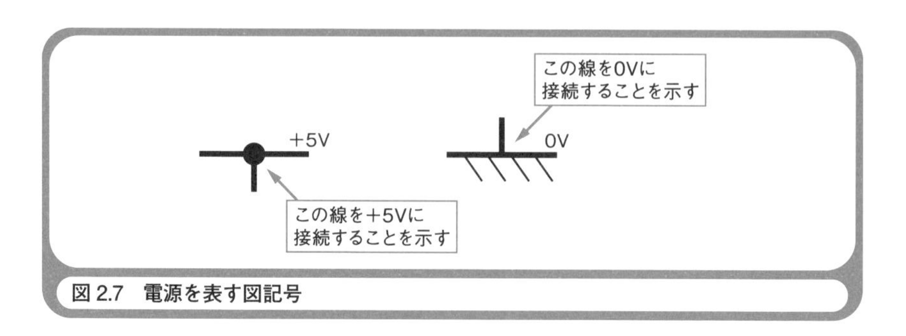

図2.7　電源を表す図記号

まず、CPU、メモリー、I/O、およびクロック・ジェネレータに電源を接続します。これらは、単独で動作する装置なので、それぞれに電源を供給する必要があるのです。ここでは、0Vと＋5Vの直流電源を使います。電源は、**図2.7**に示した図記号で示し、実際の電源装置（電源を供給する装置）までの配線は省略します。それぞれの装置にあるVcc（voltage common collector*3）というピンに＋5Vの電源を配線し、GND（ground）というピンに0Vの電源を配線します。電源の配線で、色鉛筆でなぞる部分を**図2.8**に示します。「これらによって、個々の装置に電源が供給される」という役割を確認しながら配線してください。

データ線を配線する

次に、CPUとメモリー、CPUとI/Oの間でデータを受け渡す配線をします。コンピュータの頭脳は、CPUなので、CPUを中心にして配線を見てください。CPUにD0～D15という16本のピンがあります。このDは、Data（データ）という意味です。CPUのD0～D15とメモリーのD0～D15の配線を色鉛筆でなぞってください。これで、CPUとメモリーの間

*3　Vccは、TTL（Transistor Transistor Logic）という形式のICの電源を示します。本書の第1版では、実際のICを使った回路図を示し、その中でVccという表記を使っていたので、本書でも同じ表記にしました。

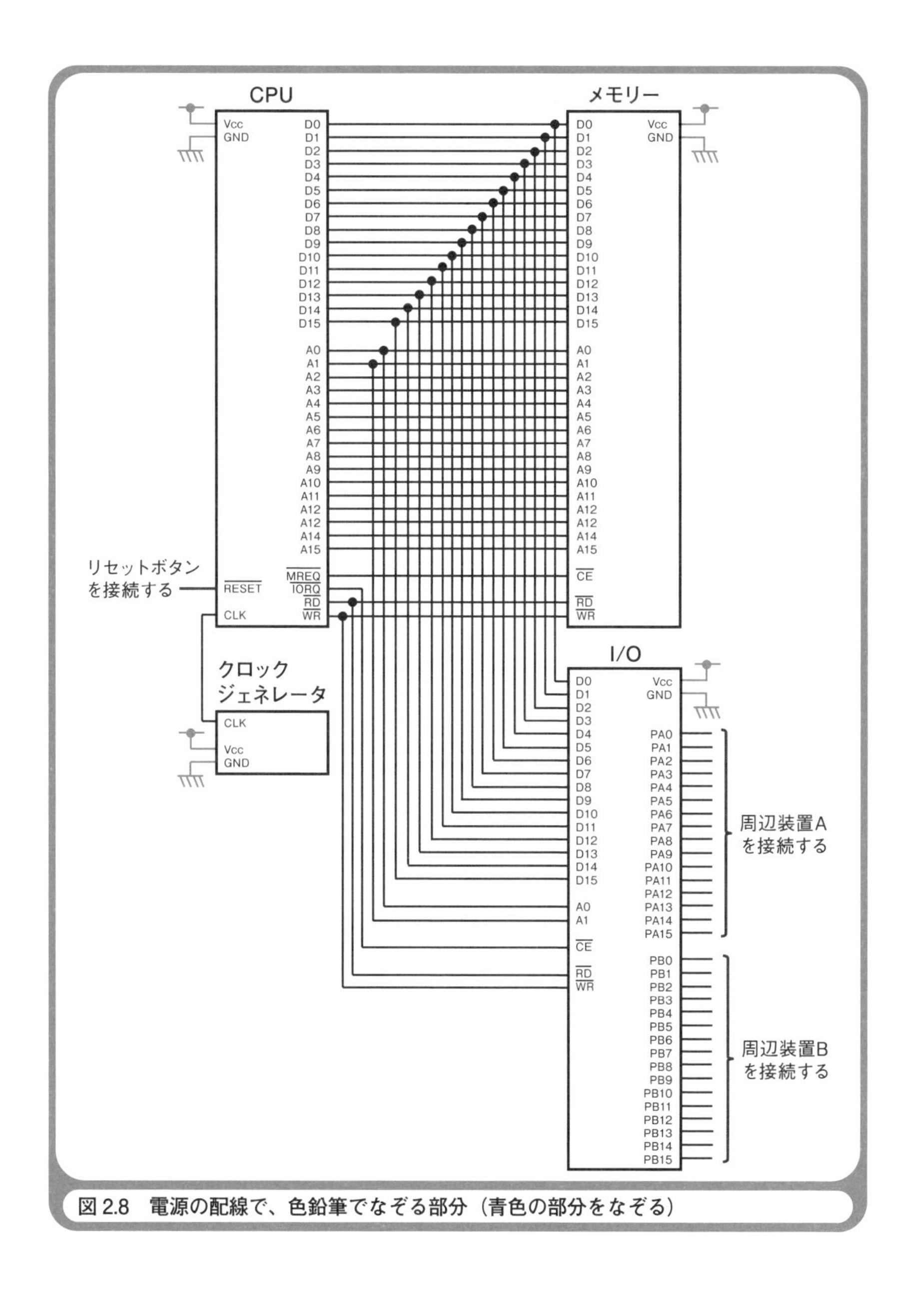

図 2.8　電源の配線で、色鉛筆でなぞる部分（青色の部分をなぞる）

で、16ビットのデータの受け渡しができます。

それぞれの配線は、途中に黒丸があって、その先がI/OのD0～D15のピンにつながっています。これらの配線も色鉛筆でなぞってください。これで、CPUとI/Oの間でも、16ビットのデータの受け渡しができます。

データを受け渡す配線を「データ線」と呼びます。データ線の配線で、色鉛筆でなぞる部分を**図2.9**に示します。「これらによって、CPUとメモリー、およびCPUとI/Oの間で、16ビットのデータが受け渡される」という役割を確認しながら配線してください。

アドレス線を配線する

データ線の配線ができましたが、それだけではデータの受け渡しはできません。なぜなら、メモリーの内部には65536個の箱があり、I/Oの内部には4個の箱があるので、どの箱とデータを受け渡すかをアドレスで指定しなければならないからです。

CPUにA0～A15という16本のピンがあります。このAは、Address（アドレス）という意味です。CPUは、これら16本のピンを使って、0000000000000000番地～1111111111111111番地のアドレスを指定します。CPUのA0～A15とメモリーのA0～A15の配線を色鉛筆でなぞってください。これで、CPUからメモリーに、データの受け渡しをする箱のアドレスを知らせることができます。

A0とA1の配線は、途中に黒丸があって、その先がI/OのA0とA1のピンにつながっています。CPUは、これら2本のピンを使って、00番地～11番地のアドレスを指定します。これらの配線も色鉛筆でなぞってください。これで、CPUからI/Oにも、データの受け渡しをする箱のアドレスを知らせることができます。

アドレスを知らせる配線を「アドレス線」と呼びます。アドレス線の配線で、色鉛筆でなぞる部分を**図2.10**に示します。「これらによって、

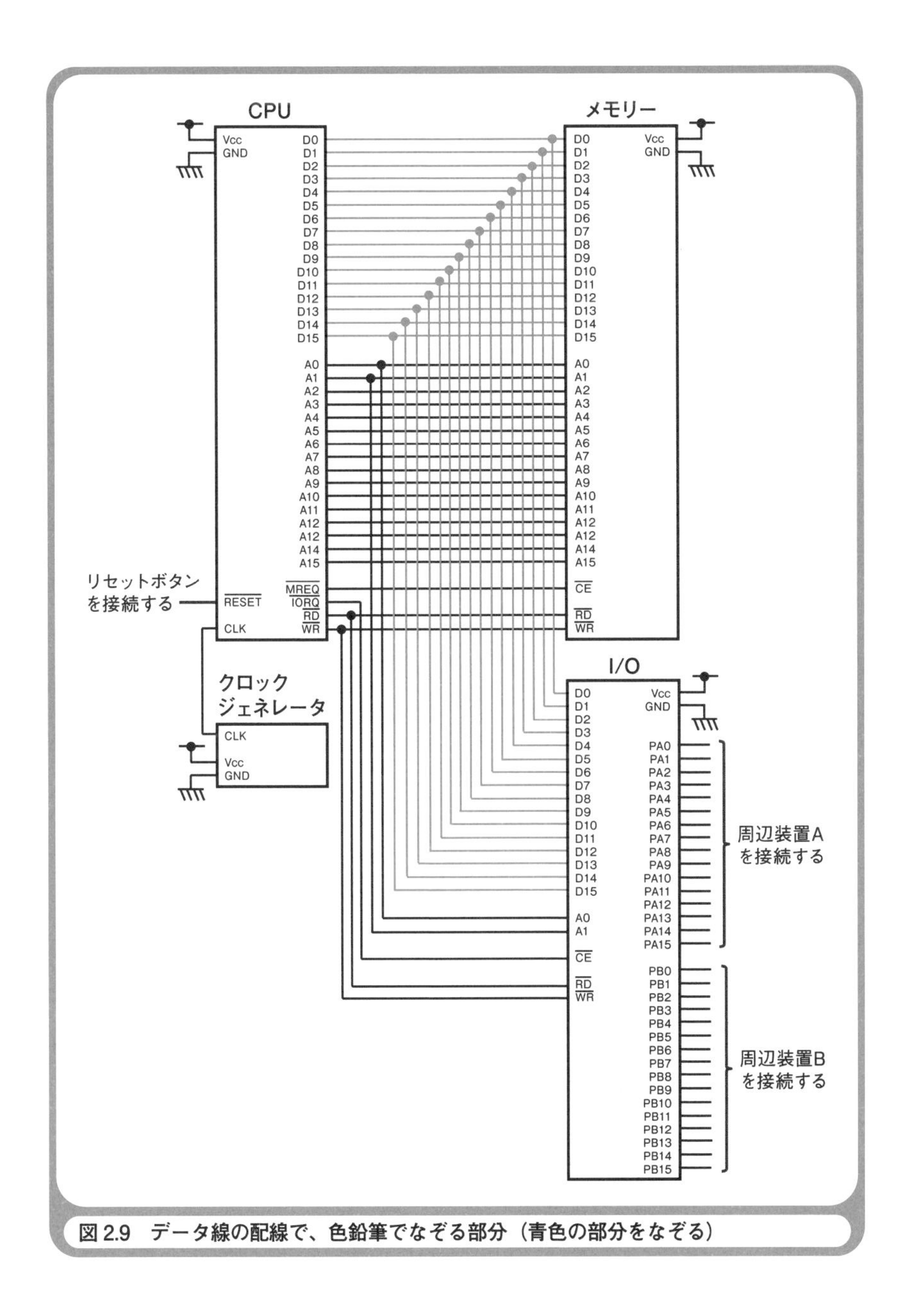

図 2.9　データ線の配線で、色鉛筆でなぞる部分（青色の部分をなぞる）

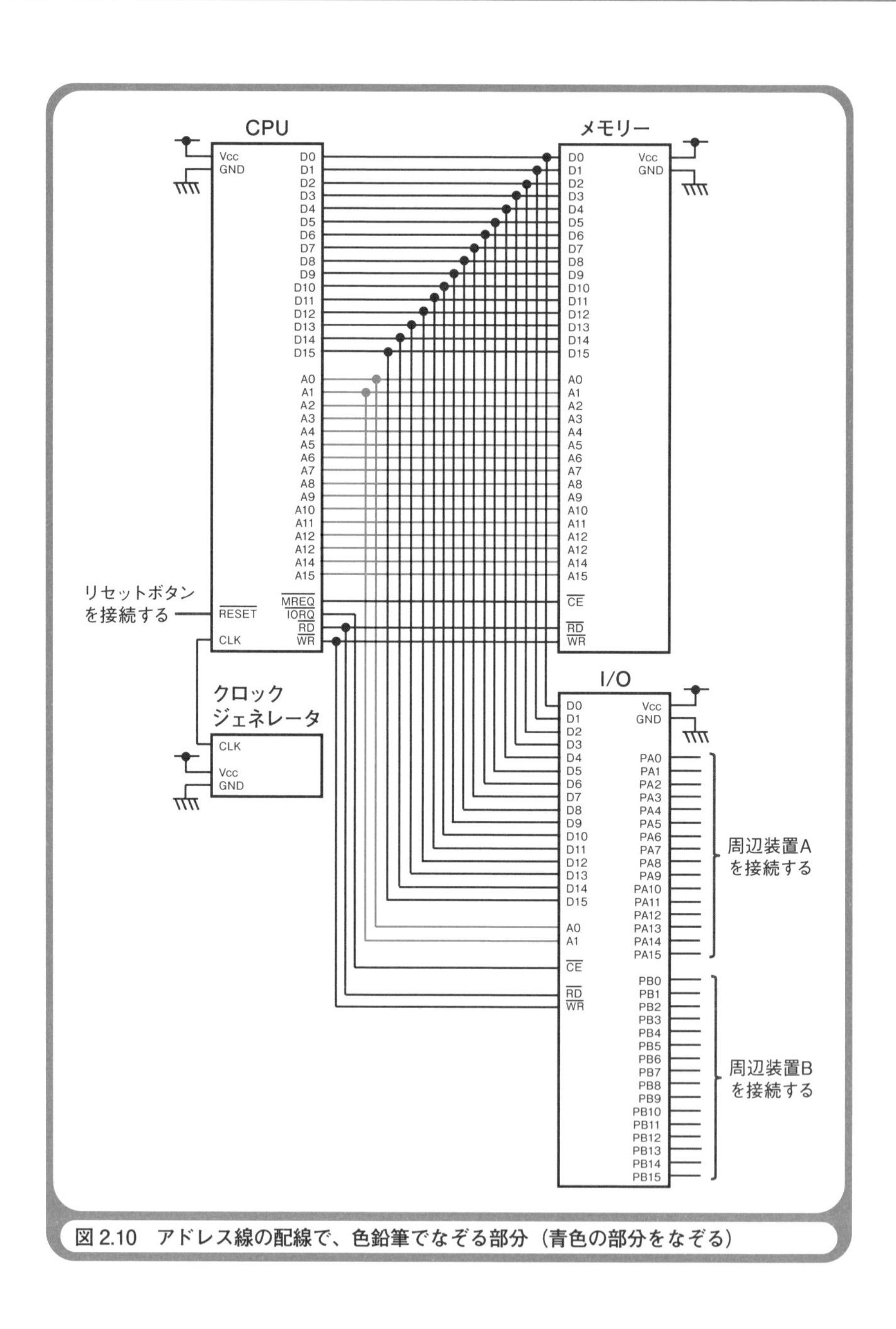

図 2.10　アドレス線の配線で、色鉛筆でなぞる部分（青色の部分をなぞる）

CPUからメモリーに16ビットのアドレスが知らされ、CPUからI/Oに2ビットのアドレスが知らされる」という役割を確認しながら配線してください。

制御線を配線する

データ線とアドレス線の配線ができましたが、まだデータの受け渡しはできません。なぜなら、同じデータ線とアドレス線がメモリーとI/Oに配線されているので、このままでは、CPUがどちらを相手にするのか区別できないからです。さらに、CPUから見て、相手からデータを読み出すのか、相手にデータを書き込むのかも、区別できません。

これらを区別するのが、CPUにあるMREQ、IORQ、RD、WRというピンです。MREQ（Memory Request）は、メモリーを相手にすることを示し、IORQ（I/O Request）は、I/Oを相手にすることを示します。RD（Read）は、相手からデータを読み出すことを示し、WR（Write）は、相手にデータを書き込むことを示します。

回路図では、MREQ、IORQ、RD、WRに上線が付いています。この上線は、「負論理（negative logic）」であることを示します。電気信号で相手に何かの意思表示をするときには、通常時と異なる電圧で伝えます。通常時に電圧を低くしておいて、相手に意思表示をするときに電圧を高くする方法を「正論理（positive logic）」と呼びます。それとは逆に、通常に電圧を高くしておいて、相手に意思表示をするときに電圧を低くする方法が負論理です。MREQ、IORQ、RD、WRは、負論理なので、通常時は電圧が高く（＋5V）になっています。それぞれが意味する意思表示を相手に伝えるときには、電圧を低く（0V）します。

CPUのMREQは、メモリーのCEに配線されています。CPUのIORQは、I/OのCEに配線されています。CE（chip enable＝チップ有効）は、そのIC（チップは､ICを意味します）の機能を有効にすることを示します。

表 2.1 CPU の意思表示と $\overline{\mathrm{MREQ}}$、$\overline{\mathrm{IORQ}}$、$\overline{\mathrm{RD}}$、$\overline{\mathrm{WR}}$ の状態

CPU の意思表示	$\overline{\mathrm{MREQ}}$	$\overline{\mathrm{IORQ}}$	$\overline{\mathrm{RD}}$	$\overline{\mathrm{WR}}$
メモリーから読み出す	0	1	0	1
メモリーに書き込む	0	1	1	0
I/O から読み出す	1	0	0	1
I/O に書き込む	1	0	1	0

※電圧の高低を 2 進数の 1 と 0 で示しています。

CEにも負論理であることを示す上線が付いています。したがって、メモリーとI/Oは、CPUからCEに伝えられた電気信号の電圧が低くなったときに、自分の機能を有効にして、データ線とアドレス線を使ってデータの受け渡しをします。CPUから見て、相手からデータを読み出すのか、相手にデータを書き込むのかは、RDとWRで区別されます。CPUのRDとWRは、それぞれメモリーおよびI/OのRDとWRに接続されています。これらも、負論理です。**表2.1**に、CPUの意思表示とMREQ、IORQ、RD、WRの状態をまとめておきます。ここでは、電圧が高い状態を2進数の1で、低い状態を2進数の0で示しています。

CPUが意思表示をするMREQ、IORQ、RD、WRの配線を「制御線」と呼びます。制御線の配線で、色鉛筆でなぞる部分を**図2.11**に示します。「これらによって、CPUが、メモリーとI/Oのどちらを相手にするのか、相手からデータを読み出すのか、相手にデータを書き込むのかが区別される」という役割を確認しながら配線してください。

その他の配線

最後に、その他の配線をしましょう。クロック・ジェネレータは、CLK (Clock) というピンからクロック信号を出力します。これをCPUのCLKに配線します。CPUのRESETというピンは、負論理であり、通常時は電圧が高く、電圧を低くするとCPUがリセットされて初期状態にな

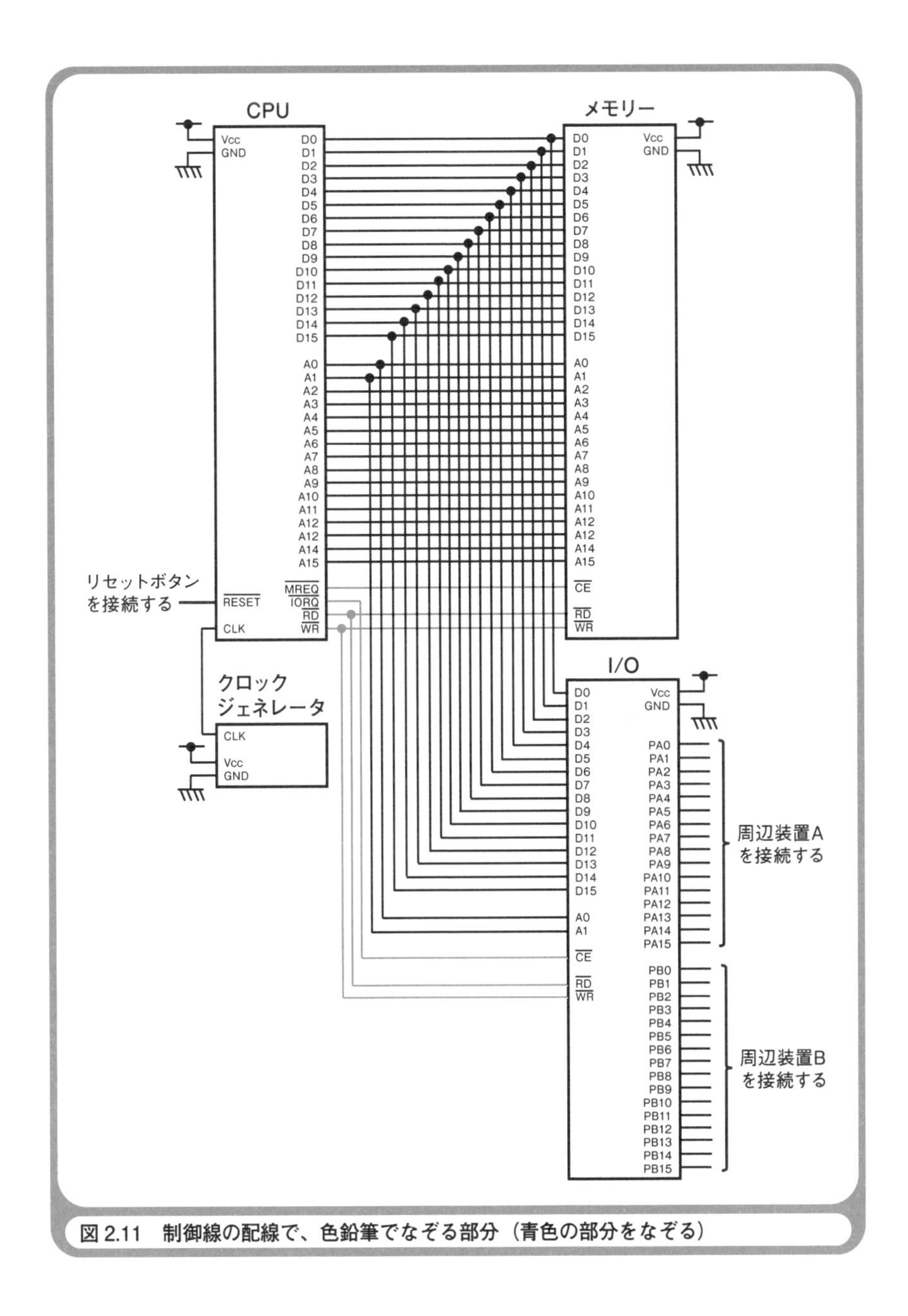

図 2.11　制御線の配線で、色鉛筆でなぞる部分（青色の部分をなぞる）

ります。初期状態となったCPUは、メモリーの0番地[*4]に格納されたプログラムから解釈・実行を開始します。RESETはリセットボタンに配線します。ここでは、具体的なリセットボタンを示していませんが、通常時は電圧が高く、押すと電圧が低くなるようにします。

I/OのPA0～PA15 (Port A0～Port A15) には、周辺装置Aを配線します。周辺装置Aがキーボードやマウスなどの入力装置の場合は、この配線を使って周辺装置AからI/OのポートAにデータが入力されます。同様に、I/OのPB0～PB15 (Port B0～Port B15) には、周辺装置Bを配線します。周辺装置Bがディスプレイやプリンタなどの出力装置の場合は、この配線を使ってI/OのポートBから周辺装置Bにデータが出力されます。ここでは、具体的な周辺装置を示していませんが、1つのI/Oで16ビットのデータを受け渡す周辺装置を2台まで接続できます。より多くの周辺装置を接続したい場合は、I/Oの数を増やします。

その他の配線で、色鉛筆でなぞる部分を**図2.12**に示します。それぞれの役割を確認しながら配線してください。

配線作業の完了

以上で、すべての配線作業が完了しました。はじめに回路図を見たときには、ものすごく難しく感じたかもしれませんが、実際に配線をしてみると、とても簡単だとわかったでしょう。コンピュータの回路図の主な配線は、CPUとメモリー、およびCPUとI/Oの間で、それぞれが持つ箱に格納されたデータを受け渡すためのものだったのです(その他の配線として、電源、クロック信号、リセット、周辺装置もありました)。CPU、メモリー、I/O、クロック・ジェネレータは、単独で動作する装置です。装置と装置の間でデータや制御信号を受け渡すために、配線が

＊4　CPUの種類によって、0番地ではないアドレスからプログラムの解釈・実行を開始するものもあります。

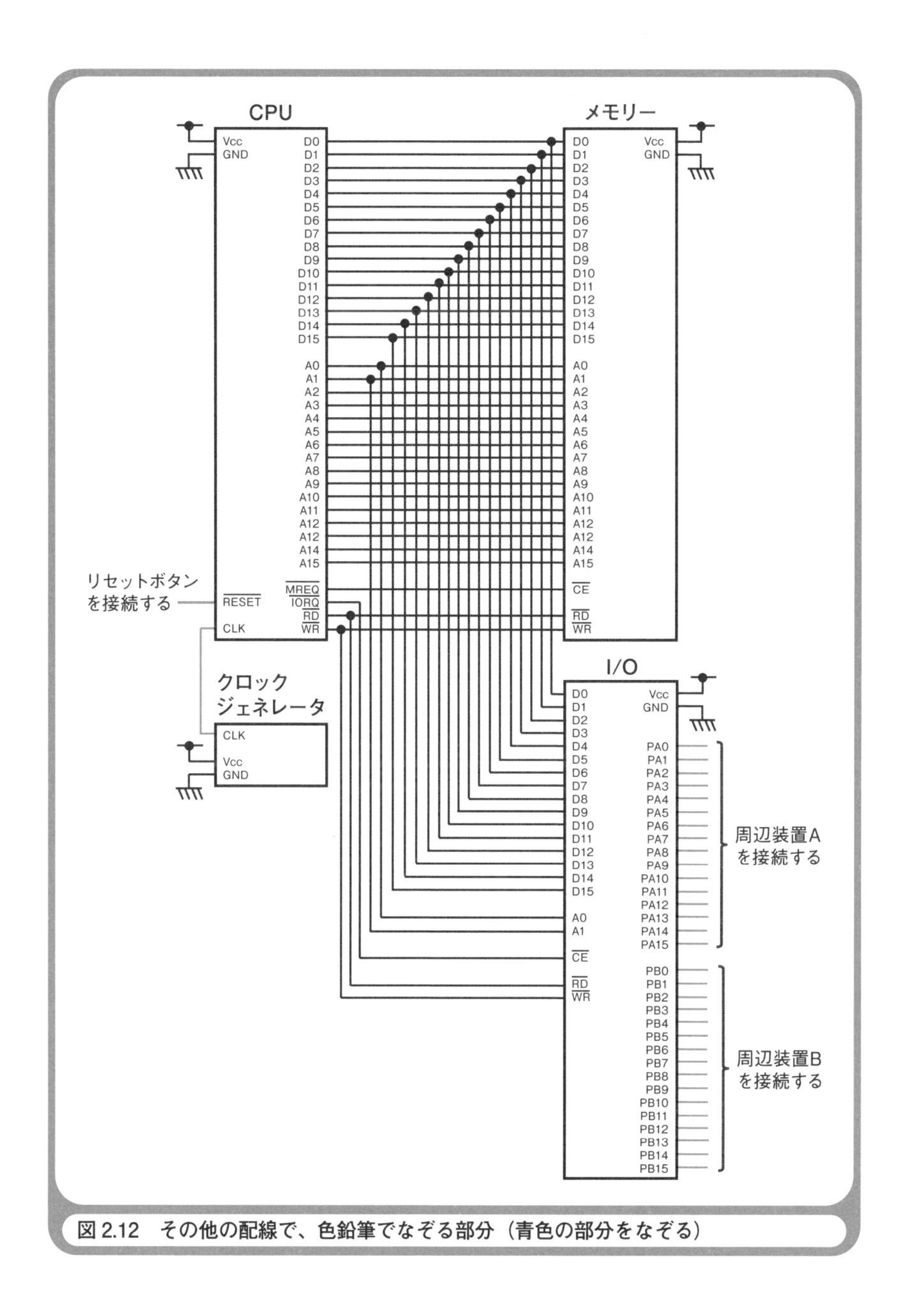

図 2.12　その他の配線で、色鉛筆でなぞる部分（青色の部分をなぞる）

必要だったのです。

「それなら、CPU、メモリー、I/O、クロック・ジェネレータを1つのICにまとめてしてしまえば、配線などいらないだろう」と思われるでしょう。実際に、そのようなコンピュータもあり、「ワンチップ・マイコン」と呼ばれています。ワンチップとは、1つのICという意味です。ワンチップ・マイコンは、電化製品や自動車などで使われています。それに対して、一般的なパソコンは、CPU、メモリー、I/Oが、別々のICになっています。これは、パソコンの機種によって、それぞれのICを任意に選択できて、後から拡張できるようにするためです。

☆　☆　☆

ベテランの先輩技術者の多くは、若い頃にコンピュータを作った経験があります。この章を皆さんの先輩技術者に見せてください。「いまどき、こんなことする人いるの？ でも、こういう経験があるかどうかで、コンピュータの理解度が違ってくるんだよ」と言ってくれるでしょう。

本書の第1版では、実際に装置や部品を集めてコンピュータを作りましたが、第2版では、回路図を色鉛筆でなぞるだけに変更しました。現在では、第1版で取り上げていたCPU、I/O、メモリーなどのICを集めるのが困難だからです。ただし、たとえ擬似体験であっても、コンピュータを作った経験は大いに有益だと思います。皆さんは、コンピュータの理解が深まり、ますますコンピュータを好きになったからです。

次の第3章では、この章で作ったコンピュータを対象としたプログラムを「アセンブラ」というプログラミング言語で作ってみます。それによって、コンピュータのハードウエアとソフトウエアの知識が、バッチリつながるはずです。どうぞお楽しみに！

第3章

一度は体験してほしいアセンブラ

ウォーミングアップ

本文を読む前に、ウォーミングアップとして以下のクイズに挑戦してください。

初級問題

マシン語とは何ですか？

中級問題

メモリーやI/Oの中にある箱を識別する数値を何と呼びますか？

上級問題

CPUの内部にあるフラグ・レジスタの役割は何ですか？

いかがだったでしょうか。改めて聞かれると、簡潔に答えられない問題もあったでしょう。答えと解説を以下に示しておきます。

初級問題：CPUが直接解釈・実行できる数値で示されたプログラムです。

中級問題：メモリーやI/Oの中にある箱を識別する数値を「アドレス（番地）」と呼びます。

上級問題：命令の実行結果の状態を示します。

解説

初級問題：CPUが解釈・実行できるのは、命令とデータをすべて数値で示したマシン語だけです。アセンブラ、C言語、Java、Pythonなどのプログラミング言語で記述されたプログラムは、マシン語に変換されてから解釈・実行されます。マシン語のことを「機械語」や「ネイティブ・コード」とも呼びます。

中級問題：メモリーやI/Oの内部には、複数の箱（データの格納領域）があります。個々の箱は、番号で識別されます。この番号がアドレス（番地）です。

上級問題：フラグ（flag）とは「旗」という意味です。CPUの内部にあるデータの格納や演算によって汎用レジスタの値が変化すると、その状態（ゼロになったか、マイナスになったか、オーバーフローしたか）がフラグ・レジスタに記憶されます。

この章のポイント

この章の目的は、たった1つだけです。「1と2を加算する」というプログラムを実行したときにコンピュータの内部でどのような動作が行われるかを知ることです。そのための手段として「アセンブラ（アセンブリ言語とも呼びます）」というプログラミング言語を使ってプログラムを記述し、その動作を確認します。対象とするコンピュータは、第2章で取り上げたCOMETⅡです。COMETⅡ用のアセンブラであるCASLⅡを使います。動作の確認には、無償で入手できるCASLⅡシミュレータを使います。

この体験によって、皆さんのコンピュータに対する理解がますます深まるはずです。コンピュータのハードウエアとソフトウエアの知識がつながって、「コンピュータがなぜ動くのかがわかった」という感動も得られるでしょう。

高水準言語と低水準言語

この章では、プログラムを作成します。プログラムは、プログラミング言語で記述された文書です。この文書の内容は、「～せよ」という命令を書き連ねたものとなっています。どのような構文で命令を記述するのかは、プログラミング言語の種類によってさまざまです。世の中には、数多くのプログラミング言語がありますが、それらは、低水準言語と高水準言語に大きく分類できます。

低水準言語は、コンピュータのハードウエアを直接操作する命令を記述する言語です。低水準とは、コンピュータのハードウエアに低く接していることを意味しています。低水準言語には、マシン語とアセンブラがあります。マシン語は、CPUが解釈・実行できる言語であり、命令とデータをすべて2進数の数値で示します。人間がマシン語でプログラムを記述するのは困難なので、マシン語の数値が意味する命令に英語の略語を割り当てた言語が考案されました。それが、アセンブラです。

アセンブラで記述されたプログラムは、マシン語に変換されてから解

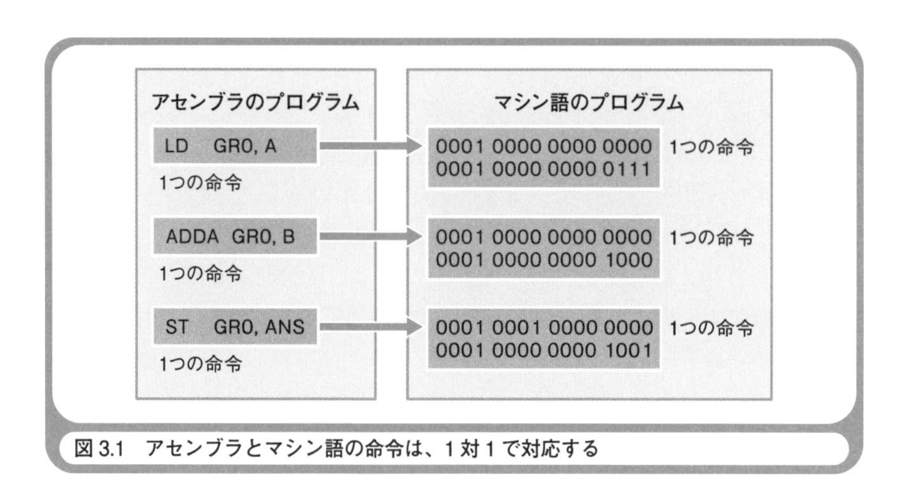

図3.1　アセンブラとマシン語の命令は、1対1で対応する

釈・実行されます。**図3.1**にアセンブラとマシン語のプログラムの対応を示します。アセンブラとマシン語の命令は、1対1で対応します。したがって、アセンブラでプログラムを記述することは、マシン語でプログラムを記述することと同等であり、コンピュータのハードウエアを直接操作します。

高水準言語は、コンピュータのハードウエアを意識せずに、数式や日常の英語に近い表現で命令を記述できる言語です。高水準とは、コンピュータのハードウエアから高く離れていることを意味しています。高水準言語には、C言語、Java、Pythonなどがあります。高水準言語で記述されたプログラムも、マシン語に変換されてから解釈・実行されます。CPUが解釈・実行できる言語は、マシン語だけだからです。多くの場合に、高水準言語の命令は、マシン語の複数の命令に対応します。たとえば、**図3.2**に示したように、高水準言語で「ans = a + b」という数式で記述した1つの命令は、3つのマシン語の命令に対応します。

開発の現場では、高水準言語がよく使われています。高水準言語は、低水準言語よりも効率的に（短い表現で）プログラムを記述できるからで

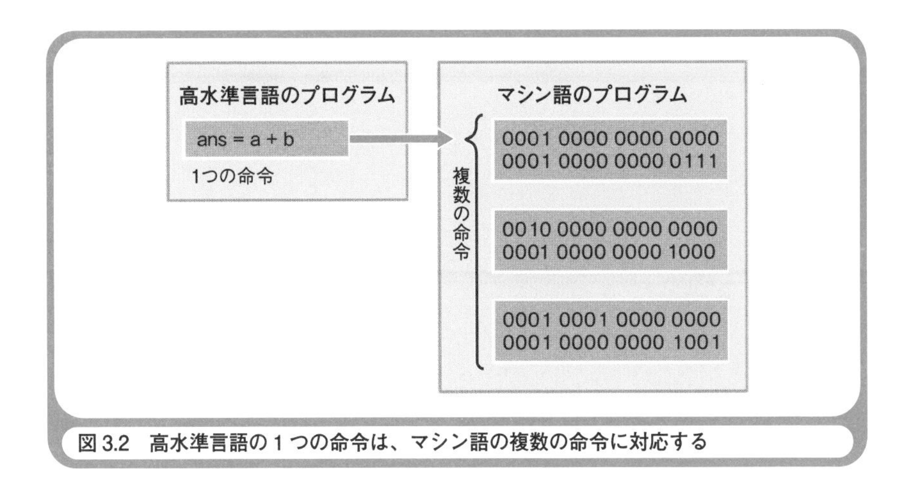

図3.2　高水準言語の１つの命令は、マシン語の複数の命令に対応する

す。低水準言語は、コンピュータのハードウエアを直接操作する必要がある分野（主に制御用マイコンの分野）で使われています。

この章で、低水準言語であるアセンブラを体験していただくのは、高水準言語だけを使っていると、プログラムによってコンピュータのハードウエアがどのように動作するのかがわからないからです。たとえば、「ans = a + c」という数式で記述したプログラムには、CPUもメモリーもI/Oも登場しません。同じ機能のプログラムをアセンブラで記述すれば、コンピュータのハードウエアを直接操作することになり、「ans = a + c」というプログラムをマシン語に変換して実行したときに、コンピュータの内部でどのような動作が行われるかがわかります。

プログラムを作るために必要なハードウエアの知識

低水準言語であるアセンブラでプログラムを作るには、ハードウエアの知識が必要です。この章では、第２章で紹介したCOMET Ⅱというコンピュータを対象としたCASL Ⅱというアセンブラを使います。

CASL Ⅱの説明をする前に、COMET Ⅱのハードウエアの確認をしておきましょう。

プログラムを作るために必要なハードウエアの知識は、CPUの内部にあるレジスタの構成、メモリーのアドレスの範囲、I/Oのアドレスの範囲と接続されている周辺装置です。ただし、COMET IIでは、OS（Operating System＝基本ソフトウエア）の機能を使ってI/Oを間接的に操作する（CPUとI/Oがデータを受け渡す命令を直接記述せずに、あらかじめ用意されているOSの機能を使う命令を記述する）ことになっているので、I/Oに関する知識は不要です。OSは、架空のOSなので、OSに関する知識も不要です。したがって、CPUとメモリーの知識だけが必要になります。

図3.3にCOMET IIのCPUとメモリーの内部構造を示します（それぞれの内部にある箱の配置は、後で使用するCASL IIシミュレータの画面と同

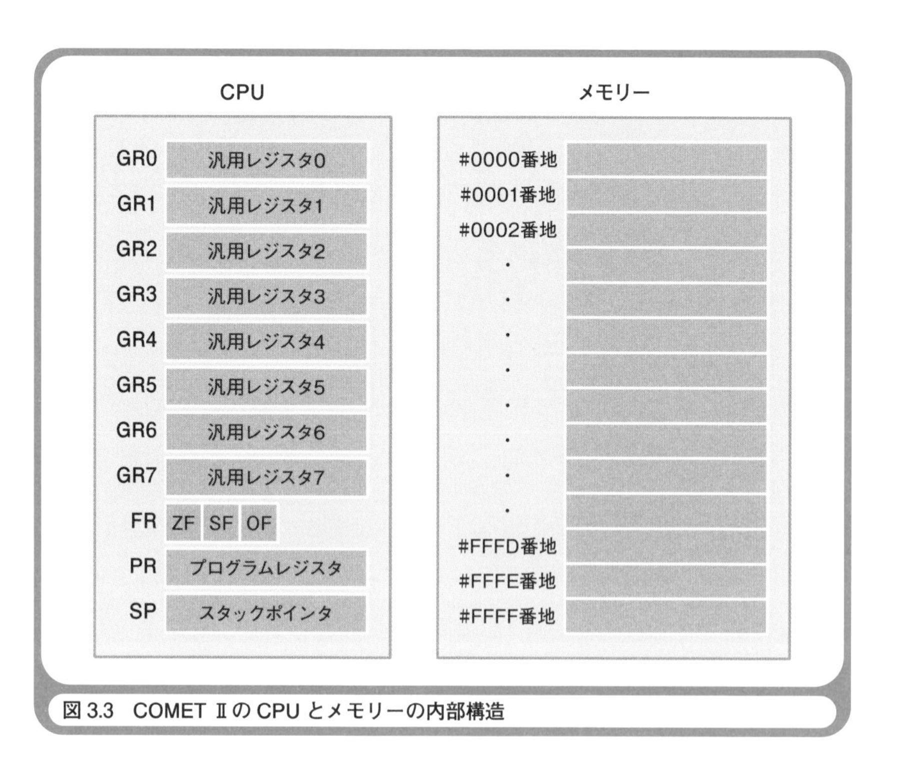

図3.3 COMET IIのCPUとメモリーの内部構造

様にしてあります)。CPUとメモリーをつなぐ配線まで意識する必要はありません(適切に配線されているからです)。CPUの内部にある箱(レジスタ)とメモリーの内部にある箱に注目してください。CPUのレジスタは、GR0やGR1などの名前で区別されます。メモリーの箱は、アドレスで区別されます。ここでは、2進数で0000000000000000番地〜1111111111111111番地のアドレスを、16進数の#0000〜#FFFFで示しています。CASLⅡでは、数値の前に「#」を使うことで16進数を表すので、ここでも同じ表現にしています[*1]。

CPUのレジスタの種類と役割

COMETⅡのCPUの内部にあるレジスタの種類と役割を説明しましょう。GR0〜GR7は、プログラムから任意の用途で使えるレジスタです。GRは、General Register(汎用レジスタ)の略です。これらのレジスタを使って、プログラムの目的に合った演算を行います。

FRは、命令の実行によって、データがどのような状態になったかを示します。FRは、Flag Register(フラグ・レジスタ＝旗のレジスタ)の略です。旗の上げ下げで、状態の有無を示します。FRは、3ビットのレジスタであり、それぞれの桁が、1つの旗の役割をします。桁の値が1なら旗が上げられていて、その状態になっていることを示します。桁の値が0なら旗が下げられていて、その状態になっていないことを示します。

FRの各桁には、ZF、SF、OFという名前が付けられています。ZF(Zero Flag＝ゼロの旗)は、データが0になったことを示します。SF(Sign Flag＝符号の旗)は、データがマイナスになったことを示します。OF(Overflow Flag＝桁あふれの旗)は、データが桁あふれになった(16ビッ

＊1　2進数は、桁数が多くてわかりにくいので、代用表現として16進数がよく使われます。2進数の4桁の0000〜1111を、16進数の1桁の0〜Fで表せます。16進数では、10進数の10〜15をA〜Fで示します。

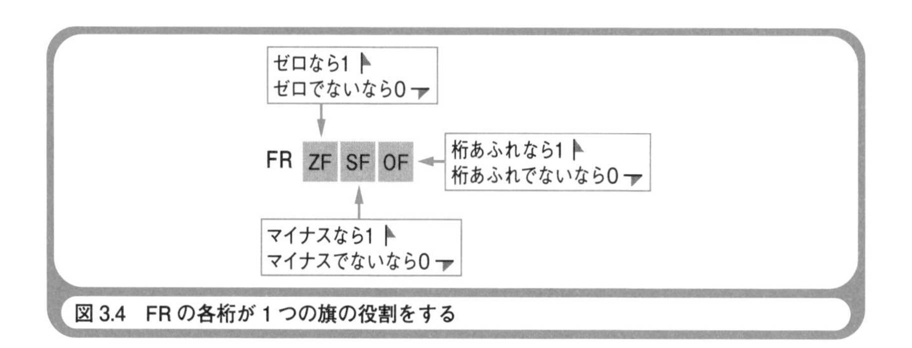

図3.4 FRの各桁が1つの旗の役割をする

トのサイズのレジスタに入り切らなくなった）ことを示します（**図3.4**）。FRは、プログラムの処理の流れを変える判断をするときに参照されます。この章で作るプログラムでは、FRを使いません。

PR（Program Register＝プログラムのレジスタ）には、次に実行する命令のアドレスが格納されます。1つの命令を実行すると、PRレジスタの値が、次に実行する命令のアドレスに更新されます。これに関しては、後でCASL IIシミュレータを使うときに、詳しく説明します。

SP（Stack Pointer＝スタックを指し示すもの）は、メモリーの中のスタック領域のアドレスが格納されます。スタック領域は、CPUが使用するデータを一時的に記憶するためのものです。スタックという名前が付いているのは、スタックと呼ばれる後入れ先出しのデータ構造[*2]を採用しているからです。

アセンブラの言語構文は1つだけ

ここまでで、アセンブラでプログラムを作るために必要なハードウエアの知識の説明は終わりです。それでは、アセンブラで「1と2を加算する」というプログラムを作ってみましょう。**リスト3.1**にそのプログラムを示

＊2 本書の第6章で、データ構造を取り上げます。その中で、スタックの説明もします。

リスト3.1　１と２を加算するプログラム

ラベル	オペコード	オペランド	コメント
SAMPLE	START		; プログラムの記述の開始
	LD	GR0, A	; GR0 に A 番地の値を格納する
	ADDA	GR0, B	; GR0 に B 番地の値を加算する
	ST	GR0, ANS	; GR0 の値を ANS 番地に格納する
	RET		; 呼び出し元に戻る
A	DC	1	; A 番地の箱に１という値を格納しておく
B	DC	2	; B 番地の箱に２という値を格納しておく
ANS	DS	1	; ANS 番地に１つの箱を用意しておく
	END		; プログラムの記述の終了

します。

はじめてアセンブラのプログラムを見た人は、とても難しく感じると思いますが、実は、とっても簡単です。アセンブラの構文は、基本的に1つだけしかありません。英語の命令文と同様に、「命令　目的語」という構文です。命令は「～せよ」という動作を示し、目的語に命令の対象を指定します。英語と同様に、目的語は、ない、1つ、および2つの場合があります。目的語が2つの場合は、カンマで区切ります。

アセンブラでは、命令のことを「オペコード（opcode＝operation code＝操作を示すコード）」と呼び、目的語のことを「オペランド（operand＝演算数）」と呼びます。オペランドには、CPUやメモリーの中にある箱を指定します。ここが、とても重要です。コンピュータのハードウエアとソフトウエアの知識がつながるポイントです。第2章で、コンピュータの回路図を配線したことで、CPU、メモリー、I/Oの中にある箱のデータを受け渡していることがわかったでしょう。CPUの箱にデータを格納して、演算をします。メモリーの箱にデータを格納して、記憶をします。I/Oの箱にデータを格納して、周辺装置とデータの入出力をします。こ

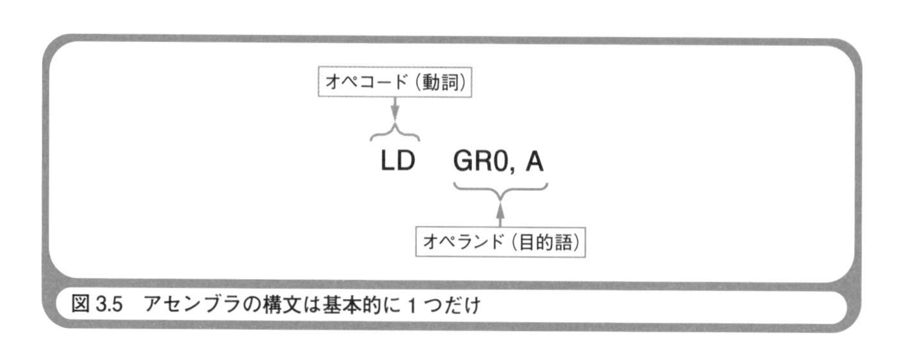

図3.5　アセンブラの構文は基本的に1つだけ

れらの操作を記述するのがアセンブラなので、アセンブラのオペランドは箱になるのです（**図3.5**）。

アセンブラの構文は基本的に1つだけなので、リスト3.1に示したように、プログラムを表形式で示すことができます（実際にプログラムを作るときには、この表は必要ありません）。1行に1つの命令を記述します。オペコードとオペランドの他に、必要に応じて「ラベル（label＝名札）」と「コメント（comment＝注釈）」を記述します。

ラベルは、その行の命令やデータに付けた名前です。リスト3.1では、プログラムの先頭にSAMPLE、プログラムで取り扱う3つのデータにA、B、ANSというラベルを付けています。これらのラベルの名前は、プログラムを作る人が任意に決めます。プログラムは、メモリーにロードされて実行されます。ラベルは、ラベルが記述された行の命令やデータが格納された箱のアドレスに置き換わります。たとえば、プログラムが#1000番地にロードされた場合には、プログラムの先頭に付けたSAMPLEというラベルが#1000というアドレスに置き換わります。それによってAというラベルを付けた箱の位置が#1007番地になるなら、プログラムの中にあるAというラベルが#1007に置き換わります。コメントで「A番地」「B番地」「ANS番地」という表現をしているのは、A、B、ANSというラベルが、アドレスに置き換わるからです。

コメントは、プログラマが任意に記述した注釈です。セミコロン（;）の後に、コメント記述します。リスト3.1では、それぞれの行の命令の意味を、コメントで説明しています。後で実際にプログラムを作るときには、これらのコメントを記述する必要はありません。

プログラムの内容の説明

先ほどリスト3.1に示したプログラムの内容を1行ずつ説明しましょう。先頭の「SAMPLE START」は、SAMPLEというラベルを付けたプログラムの記述を開始するという意味です。オペコード欄にあるSTARTは、プログラムの実行時にCPUが解釈・実行する命令ではなく、プログラムの記述を開始する印となっています。このように、オペコード欄に記述していても、CPUが解釈・実行する命令ではないものを「擬似命令」と呼びます。STARTと同様に、末尾の「END」は、プログラムの記述を終了する印となる擬似命令です。

```
SAMPLE   START


         END
```

プログラムの後半部にあるDC（Define Constant＝定数の定義）とDS（Define Storage＝格納領域の定義）も擬似命令です。「A DC 1」は、Aというラベルを付けた箱に1という値を入れておけ、という意味です。次の「B DC 2」は、Bというラベルと付けた箱に2という値を入れておけ、という意味です。このプログラムは、周辺装置からデータを入力するのではなく、あらかじめプログラムの中に用意されている1と2というデータを足すものなので、このようにしています。「ANS DS 1」は、ANSというラベルを付けて箱（格納領域）を1つ用意しておけ、という意味です。

プログラムの実行時に、この箱に1と2を足した結果が格納されます。「ANS DS 1」の「1」は、箱を1つという意味です。

```
A       DC      1
B       DC      2
ANS     DS      1
```

プログラムの前半部にある命令は、擬似命令ではなく、プログラムの実行時にCPUが解釈・実行する命令です。「LD GR0, A」のLDは、Load（積み込む）という意味です。「LD GR0, A」によって、メモリーのA番地に格納されたデータが、CPUのGR0レジスタに読み込まれます。「ADDA GR0, B」のADDAは、Add Arithmetic（算術加算する）という意味です。「ADDA GR0, B」によって、CPUのGR0レジスタに、メモリーのB番地に格納されたデータが加算されます。「ST GR0, ANS」のSTは、Store（蓄える）という意味です。「ST GR0, ANS」によって、CPUのGR0レジスタの値が、メモリーのANS番地に格納されます。「RET」は、Return（戻る）という意味です。「RET」によって、プログラムの処理の流れが、このプログラムを呼び出している（起動している）OSに戻ります。それによって、プログラムが終了します。

```
LD      GR0, A
ADDA    GR0, B
ST      GR0, ANS
RET
```

CASL Ⅱシミュレータを入手してインストールする

CASL Ⅱシミュレータ（CASL Ⅱシミュレータ for Windows）を使って、

先ほどリスト3.1に示したプログラムの動作を確認してみましょう。CASL Ⅱシミュレータは、以下のWebページから無償でダウンロードできます。CASL Ⅱシミュレータは、Windowsパソコン（本書ではWindows 10 Proを使っています）で動作します。

https://www.chiba-fjb.ac.jp/fjb_labo/casl/forWindows.html

Webブラウザでwebページにアクセスしたら、「ダウンロード：」の下にある「vbCASL153.msi(1.8MB)」の部分をクリックしてください（**図3.6**）。CASL ⅡシミュレータのインストールプログラムであるvbCASL153.msiというファイルがダウンロードされます。ダウンロードされる場所は、Windowsの「ダウンロード」というフォルダです。

Windowsのエクスプローラを起動して、「ダウンロード」フォルダにダウンロードされたvbCASL153.msiというファイルをダブルクリックしてください（**図3.7**）。これによって、CASL Ⅱシミュレータのインストールプログラムが起動します。

CASL Ⅱシミュレータのインストールプログラムが起動すると、最初に「CASL Ⅱシミュレータ version 1.5.3 セットアップウィザードへよう

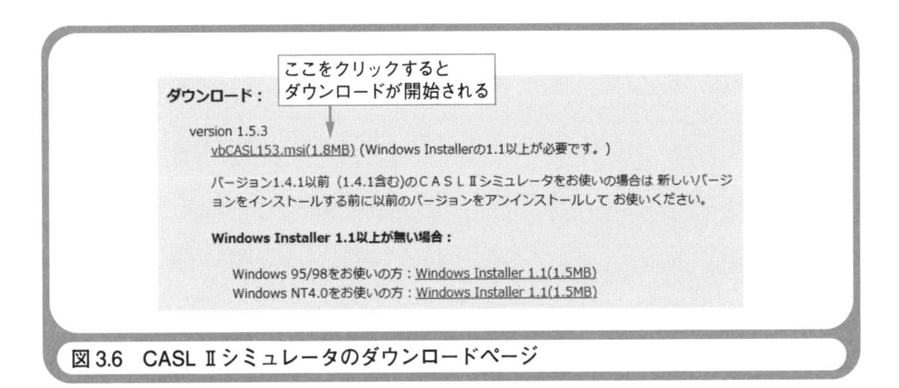

図3.6 CASL Ⅱシミュレータのダウンロードページ

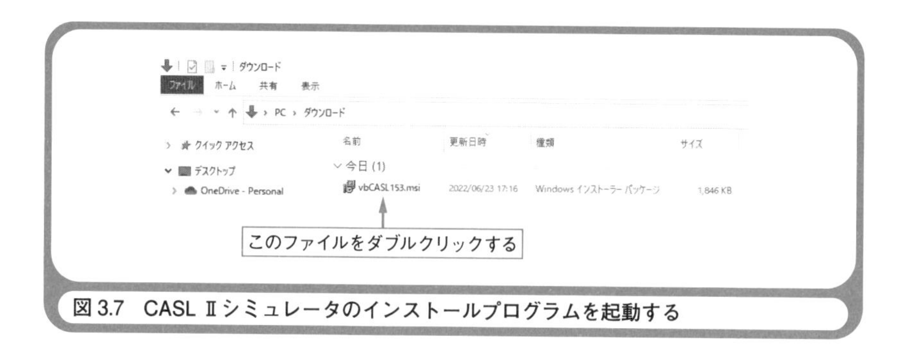

図 3.7　CASL Ⅱシミュレータのインストールプログラムを起動する

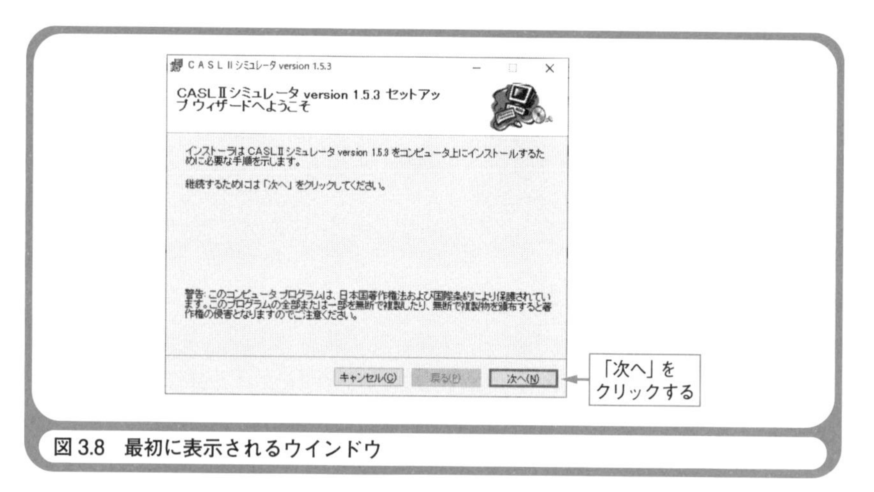

図 3.8　最初に表示されるウインドウ

こそ」ウインドウが表示されます。右下にある「次へ」ボタンをクリックしてください（**図 3.8**）。

「インストールフォルダの選択」というウインドウが表示されます。デフォルトの設定で「C:¥Program Files (x86)¥vbCASL¥」というフォルダにインストールされます。特に変更する理由がなければ、このまま「次へ」ボタンをクリックしてください（**図 3.9**）。

「インストールの確認」というウインドウが表示されたら、「次へ」ボタンをクリックしてください（**図 3.10**）。

インストールが開始され、Windows から「この不明なアプリがデバイス

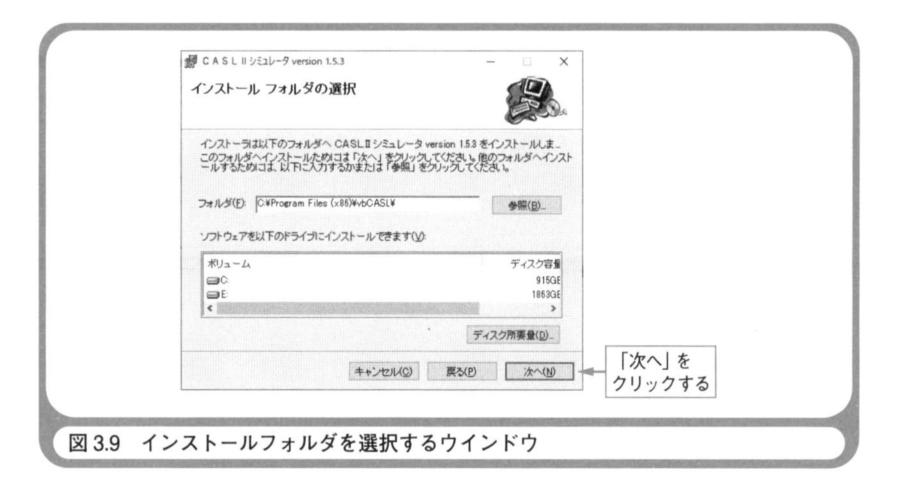

図3.9 インストールフォルダを選択するウインドウ

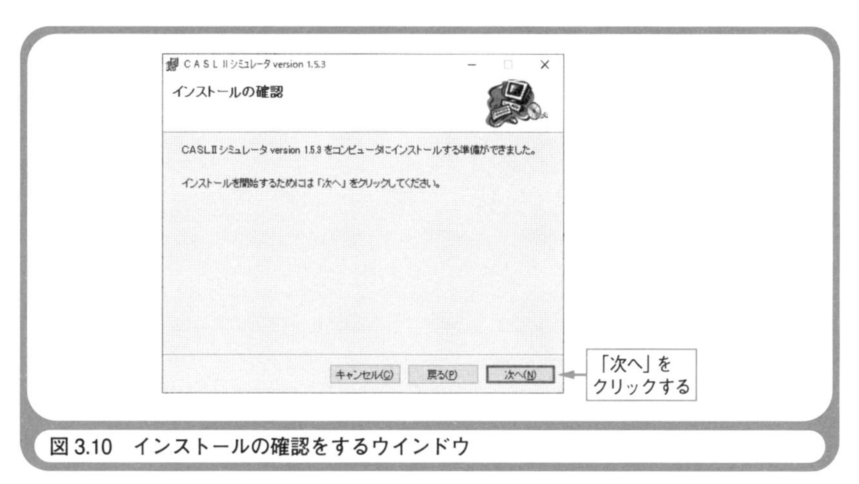

図3.10 インストールの確認をするウインドウ

に変更を加えることを許可しますか？」という警告が表示されます。「はい」ボタンをクリックしてください。インストールが行われ「インストールが完了しました」というウインドウが表示されます。「閉じる」ボタンをクリックして、ウインドウを閉じてください。

以上で、CASL IIシミュレータのインストールが完了しました（**図3.11**）。

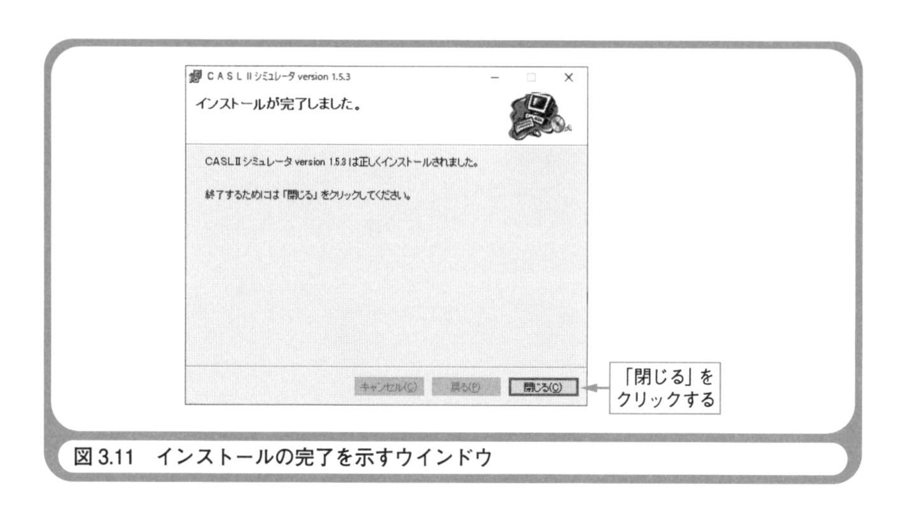

図 3.11　インストールの完了を示すウインドウ

プログラムを作成する

それでは、いよいよCASL IIシミュレータを使って、アセンブラの体験をします。Windowsの「スタート」ボタンをクリックして、表示されたメニューから「CASL IIシミュレータ」をクリックしてください(**図3.12**)。

CASL IIシミュレータを起動すると、「プログラム - [無題]」というウインドウが表示されます。このウインドウの中にアセンブラのプログラムを記述します(**図3.13**)。

ウインドウの中には、あらかじめ以下の内容のプログラムが記述されているはずです。これは、多くのプログラムに共通する雛形です。プログラムの記述の先頭は必ずSTARTであり、末尾は必ずENDです。プログラムは、RETで終了します。

```
TEST    START


        RET
        END
```

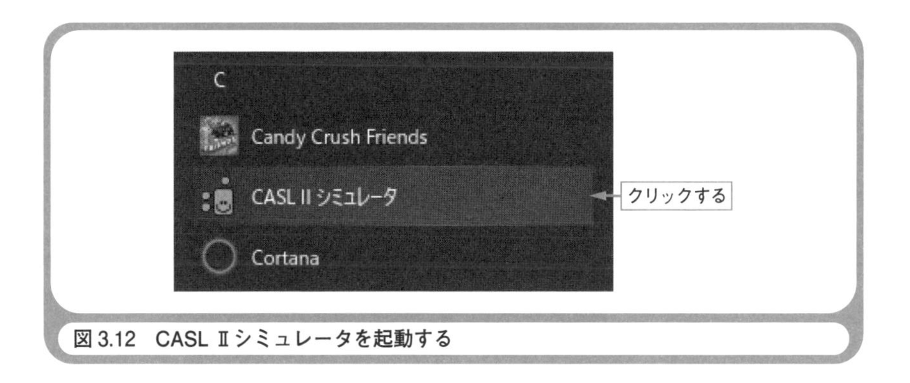

図 3.12　CASL Ⅱシミュレータを起動する

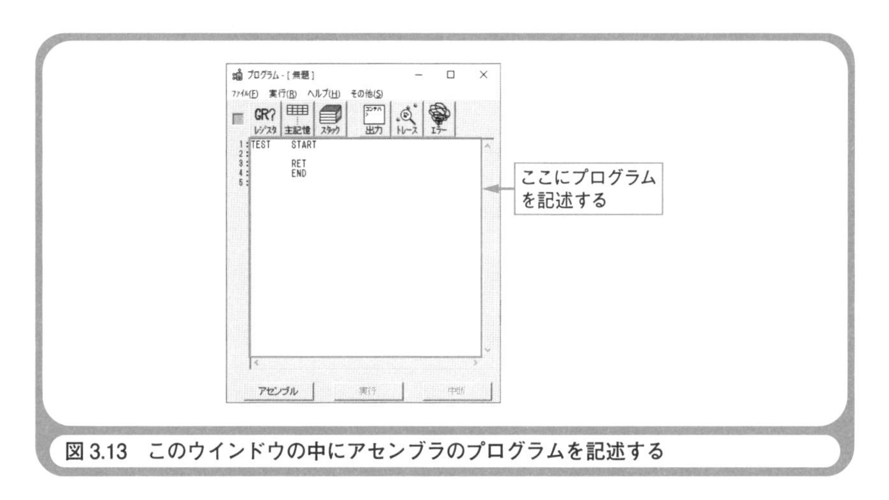

図 3.13　このウインドウの中にアセンブラのプログラムを記述する

先ほどリスト3.1に示したプログラムを作成します。プログラムは、半角英数文字で記述するので、全角モードになっていないことを確認してください。コメントは、全角文字で記述できますが、ここでは、コメントを記述しないことにします。

雛形では、では、STARTの行のラベルがTESTになっています。このままでも問題ありませんが、リスト3.1と同じ内容にするので、TESTをSAMPLEに書き換えてください。プログラムの内容を編集する方法は、一般的なワープロと同様です。

```
SAMPLE    START


          RET
          END
```

RETとENDの間にデータの定義を記述しましょう。ラベルAとラベルBの行は、定数を定義するDC命令であり、ラベルANSの行は、格納領域を定義するDS命令であることに注意してください。ラベルとオペコードの間、およびオペコードとオペランドの間は、「TAB」キーを押して区切ります。こうすると、プログラムの見た目がきれいになります。

```
SAMPLE    START


          RET
A         DC      1
B         DC      2
ANS       DS      1
          END
```

STARTとRETの間に、AとBの加算結果をANSに格納する処理を記述しましょう。

```
SAMPLE    START
          LD      GR0, A
          ADDA    GR0, B
          ST      GR0, ANS
          RET
```

```
A       DC      1
B       DC      2
ANS     DS      1
        END
```

これで、すべてのプログラムを記述できました。プログラムをファイルに保存しておきましょう。プログラムを記述したウインドウの「ファイル」メニューから「名前を付けて保存」を選択してください。「名前を付けて保存」というウインドウが表示されたら、任意の保存場所に任意のファイル名で保存してください。ここでは、例として、Windowsのデスクトップに、SAMPLEというファイル名で保存することにします。ウインドウの左側で「デスクトップ」をクリックし、「ファイル名」欄に「SAMPLE」と入力し、「保存」ボタンをクリックします。ファイル名の拡張子は、自動的に「.CASL2」となるので、SAMPLE.CASL2というファイル名で保存されます(**図3.14**)。

ファイルを保存すると、「プログラム - [無題]」というウインドウのタ

図3.14　プログラムのファイルを保存する

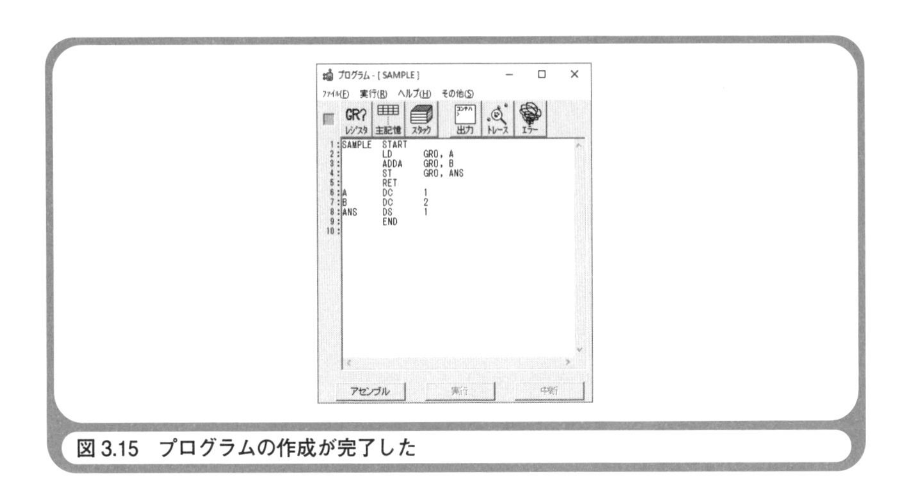

図 3.15 プログラムの作成が完了した

イトルが「プログラム - [SAMPLE]」に変わります。これで、プログラムの作成は完了です(**図3.15**)。

マシン語の内容を確認する

CASL IIシミュレータを使うと、コンピュータのさまざまな仕組みを確認することができます。はじめに、CPUが解釈・実行できるマシン語の内容を確認しましょう。CASL IIシミュレータのウインドウの下部にある「アセンブル」ボタンをクリックしてください(**図3.16**)。これによって、アセンブラのプログラムがマシン語に変換されます。この変換のことを「アセンブル」と呼ぶのです。

アセンブラのプログラムの内容に誤りがない場合は、「レジスタ」というウインドウと、「主記憶」というウインドウが表示されます。「レジスタ」というウインドウには、CPUの内部にあるレジスタが示されます。「主記憶」というウインドウには、メモリーの内部にある箱が示されます[*3](**図3.17**)。

*3 CALS IIでは、I/OはOSの機能を使って操作するので(プログラムから直接操作しない)、I/Oの内部を示すウインドウは表示されません。

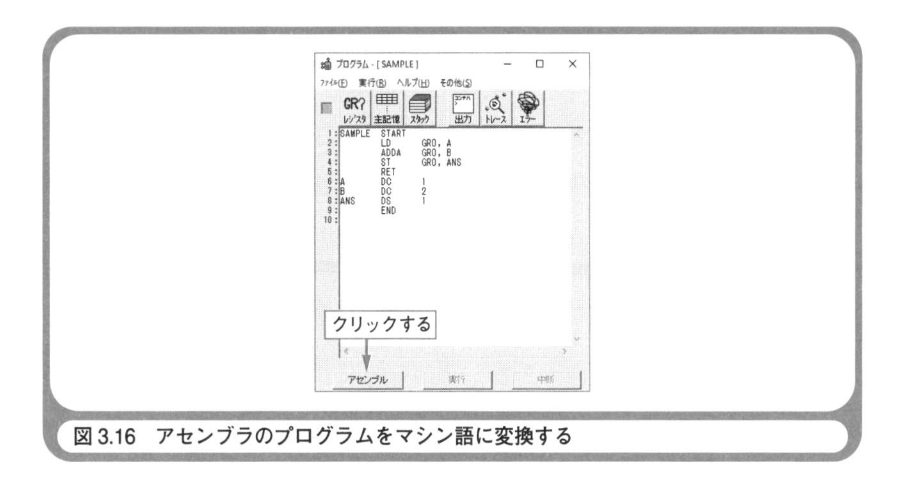

図 3.16　アセンブラのプログラムをマシン語に変換する

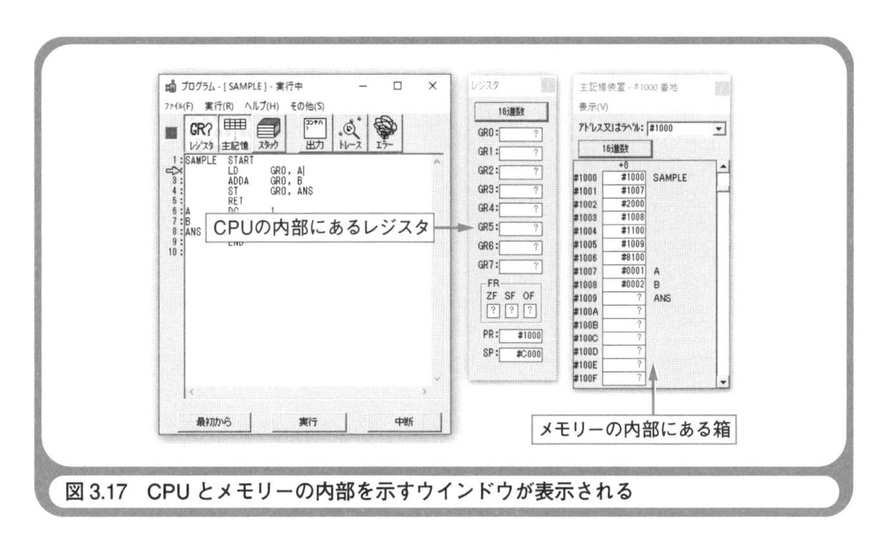

図 3.17　CPU とメモリーの内部を示すウインドウが表示される

もしも、アセンブラのプログラムの誤りがある場合は、これらのウインドウではなく、誤りの内容を示すウインドウが表示されるので、プログラムを修正して再度「アセンブル」ボタンをクリックしてください。

メモリーの内部を示す「主記憶」のウインドウを見てください。マシン語に変換されたプログラムが、メモリーの箱に格納されて、すぐに実行できる状態になっています。箱の左側にある#1000、#1001、#1002などは、それぞれの箱のアドレスです。先頭にある「#」は、数値を16進数で表していることを示しています。箱の右側には、アセンブラのプログラムに記述されたラベルが、どのアドレスに対応するかが示されています。プログラムの先頭のSAMPLEというラベルは、#1000番地になりました。データに付けたA、B、ANSというラベルは、それぞれ#1007番地、#1008番地、#1009番地になりました。箱の中にある#1000、#1007、#2000などが、マシン語のプログラムです。実際のマシン語は、2進数の数値ですが、ここでは16進数で示しています。箱の中が「?」となっているものは、値が不定(何らかの値が入っているが、このプログラムから見ると意味のないもの)であることを意味しています(**図3.18**)。

メモリーの内部を示す「主記憶」のウインドウの上部にある「16進数」というボタンは、メモリーの箱の内容が16進数であることを示しています。このボタンを何度かクリックすると「2進数」に変わり、メモリーの箱の内容が2進数になります。これが、マシン語の本当の姿です(**図3.19**)。マシン語の本当の姿を確認したら、「2進数」という表示になっているボ

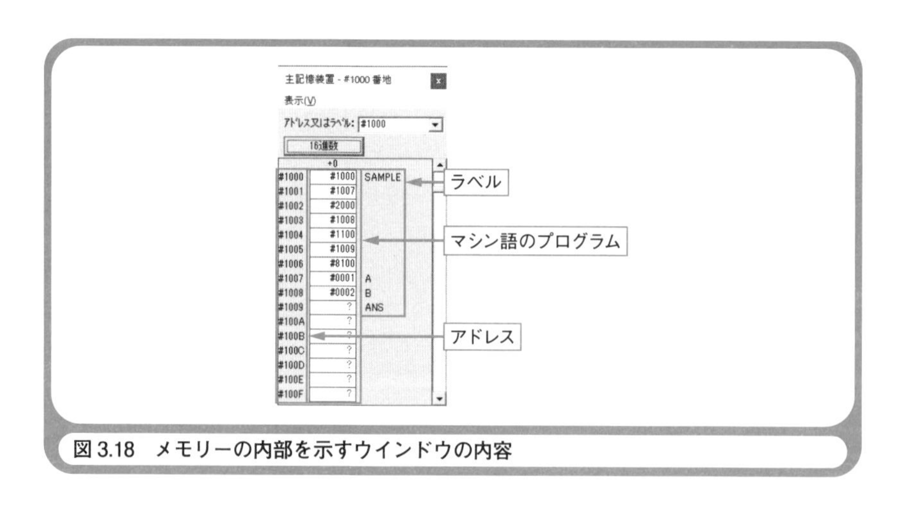

図3.18　メモリーの内部を示すウインドウの内容

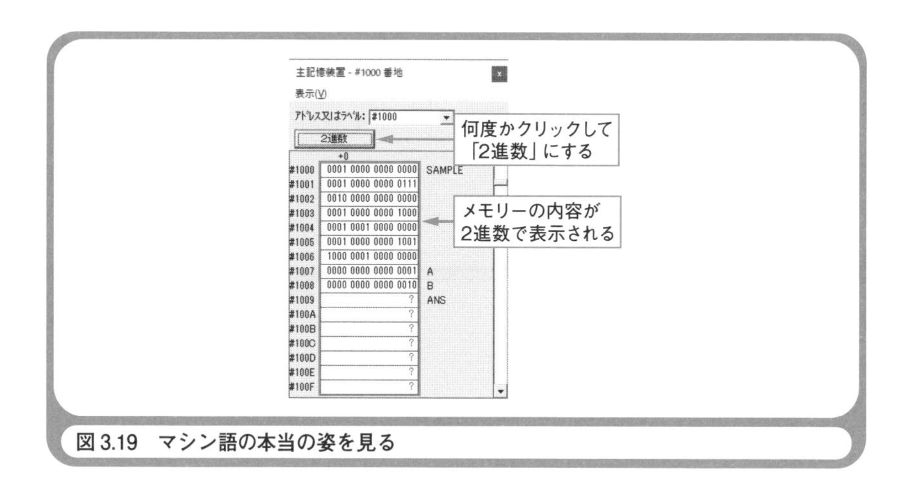

図3.19　マシン語の本当の姿を見る

タンを何度かクリックして「16進数」に戻しておきましょう。2進数のままでは、プログラムの実行結果を確認するのが困難だからです。

CPUとメモリーの箱でデータが受け渡される様子を確認する

このプログラムは「1と2を加算する」という内容です。CASL IIシミュレータを使ってプログラムを実行し、CPUとメモリーの箱でデータが受け渡される様子を確認しましょう。アセンブラのプログラムが表示されたウインドウを見てください。「LD GR0, A」の行に黄色い矢印があるはずです。この矢印は、次に実行する命令を指しています。実際には、メモリーの中にあるマシン語の命令が実行されるのですが、それがアセンブラのどの命令に対応するかがわかるようになっているのです。ウインドウの下部にある「実行」ボタンをクリックすると、命令が1つずつ実行されます。この機能を使うと、命令の実行によって、CPUとメモリーの内部にある箱の内容が、どのように変化するかを確認できます。

現時点で、黄色い矢印があるのは「LD GR0, A」です。この命令を実

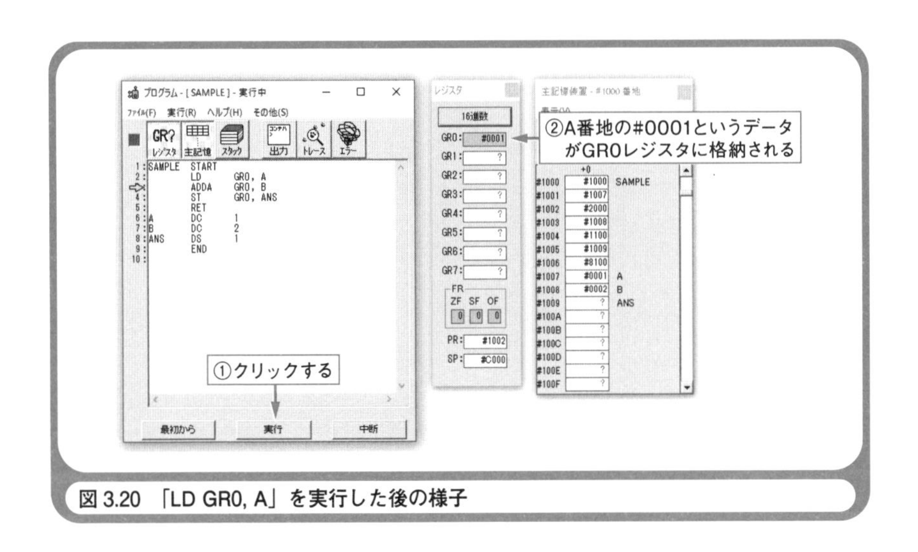

図 3.20 「LD GR0, A」を実行した後の様子

行すると、メモリーのA番地に格納された#0001というデータが、CPUのGR0レジスタに格納されるはずです。「そうなるはずだ」と考えてから「実行」ボタンをクリックしてください。GR0レジスタの内容が、#0001に変わりました(**図3.20**)。CASL IIシミュレータでは、CPUやメモリーの箱の値が変化すると赤色で示されます。GR0レジスタの変化に応じて、FRレジスタも変化したので赤色になっていますが、このプログラムは、FRレジスタを参照する命令は使っていないので、注目する必要はありません。

黄色の矢印は、次の「ADDA GR0, B」を指しています。この命令を実行すると、メモリーのB番地に格納された#0002というデータが、CPUのGR0レジスタに加算されます。これによって、GR0レジスタの値が#0001から#0003に変わるはずです。「実行」ボタンをクリックしてください。GR0レジスタの値が#0003に変わりました。GR0レジスタの値が変化したので、赤色で示されました(**図3.21**)。

黄色の矢印は、次の「ST GR0, ANS」を指しています。この命令を実行すると、CPUのGR0レジスタに格納された#0003(1と2の加算結果)が、

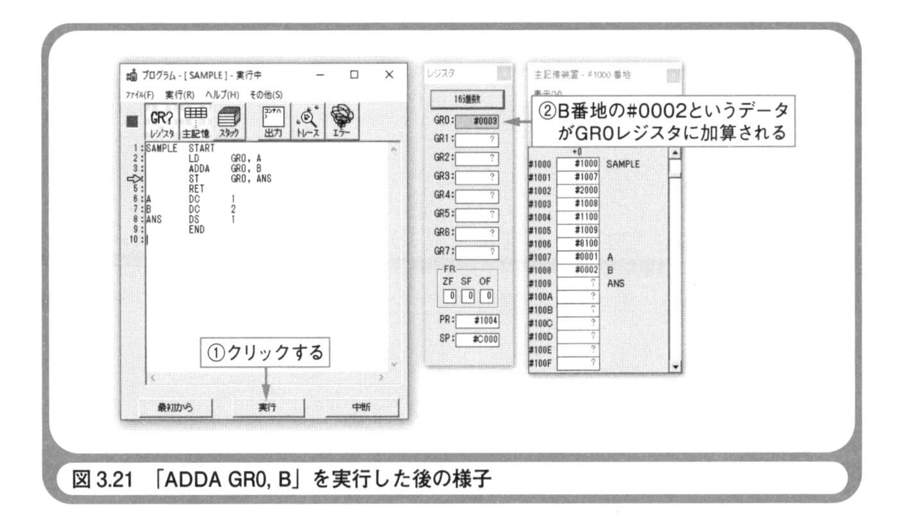

図 3.21 「ADDA GR0, B」を実行した後の様子

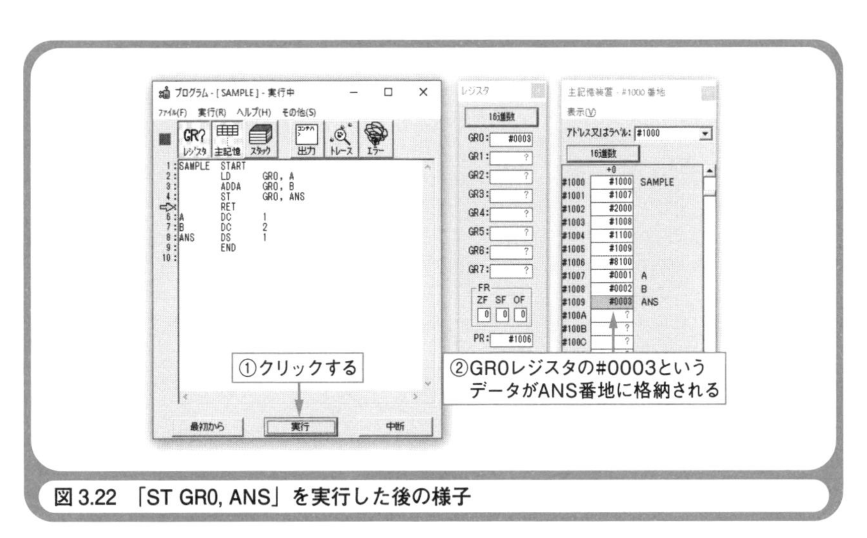

図 3.22 「ST GR0, ANS」を実行した後の様子

メモリーのANS番地に格納されます。これによって、ANS番地の値が？（不定）から#0003に変わるはずです。「実行」ボタンをクリックしてください。ANS番地の値が#0003に変わりました。ANS番地の値が変化したので、赤色で示されました（**図3.22**）。

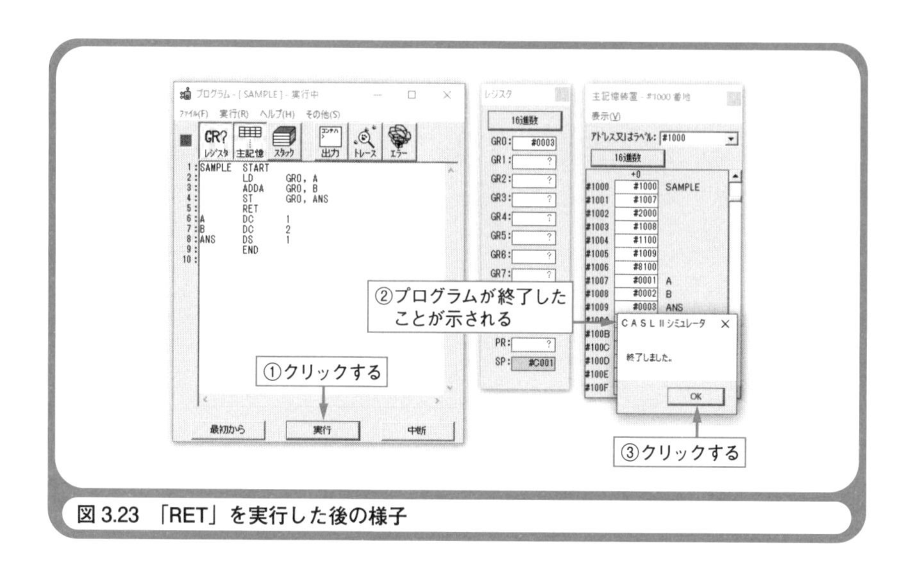

図 3.23 「RET」を実行した後の様子

黄色の矢印は、次の「RET」を指しています。この命令を実行すると、プログラムの処理の流れが、このプログラムを呼び出しているOSに戻り、プログラムが終了するはずです。「実行」ボタンをクリックしてください。「終了しました。」というメッセージを示した小さなウインドウが表示され、プログラムが終了しました。「OK」ボタンをクリックして小さなウインドウを閉じてください (**図 3.23**)。

命令が順番に実行される仕組みを確認する

CASL IIシミュレータを使って、プログラムの中にある命令が順番に実行される仕組みを確認しましょう。そのために、これまでと同じプログラムを再度実行します。「アセンブル」ボタンをクリックしてください。プログラムを最初から実行する状態になります。この後でプログラムを実行するときには、CPUのPRレジスタに注目してください。PRレジスタには、次に実行する命令のアドレスが格納されます。1つの命令を実行すると、PRレジスタの値が、次に実行する命令のアドレスに更新されま

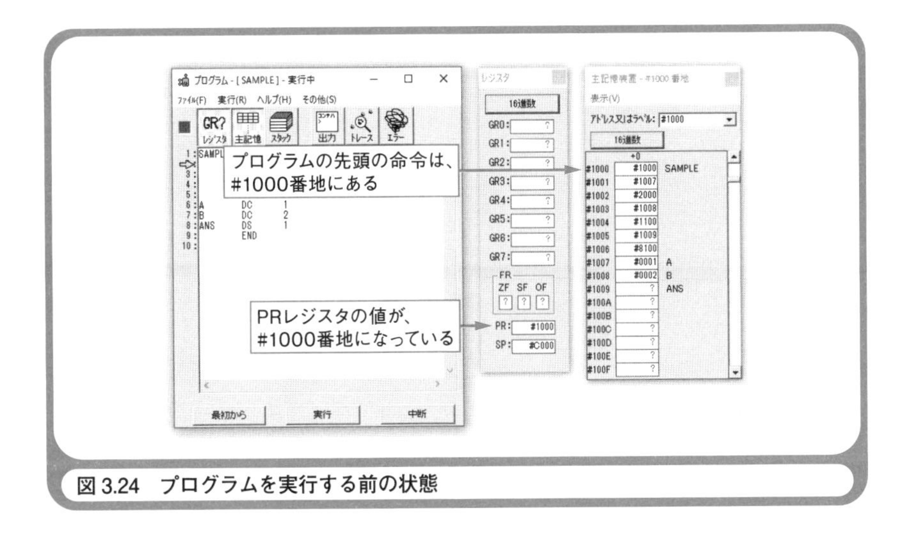

図 3.24　プログラムを実行する前の状態

す。この仕組みによって、プログラムの中にある命令が順番に実行されるのです。

現時点では、プログラムの実行を開始する前の状態になっています。メモリーを見てください。プログラムの先頭の命令は、#1000番地にあります。CPUを見てください。PRレジスタの値が#1000になっています。これは、次に実行するのが、このプログラムの先頭の#1000番地だからです（**図3.24**）。

「実行」ボタンをクリックして、「LD GR0, A」という命令を実行してください。PRレジスタの値は、#1002に更新されます。これは、「LD GR0, A」というアセンブラの命令が、#1000番地と#1001番地に格納された「#1000」および「#1007」というマシン語に対応しているからです。メモリーの箱のサイズは16ビットです。「LD GR0, A」というアセンブラの命令は、32ビットのマシン語になるので、それが16ビットずつに分けられて、メモリーの2つの箱に格納されたのです。#1000番地と#1001番地に格納された命令を実行したので、次に実行する命令は#1002番地で

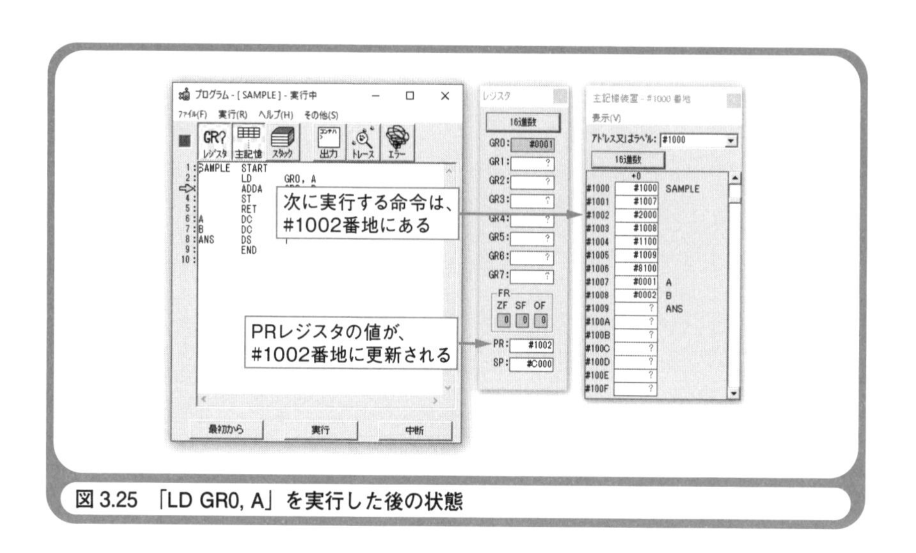

図 3.25 「LD GR0, A」を実行した後の状態

す（**図3.25**）。

「実行」ボタンをクリックして、「ADD GR0, B」という命令を実行してください。PRレジスタの値は、#1004に更新されます。これは、「ADD GR0, B」のマシン語が#1002番地と#1003番地に格納された「#2000」と「#1008」であり、次に実行する命令は#1004番地にあるからです（**図3.26**）。

「実行」ボタンをクリックして、「ST GR0, ANS」という命令を実行してください。PRレジスタの値は、#1006に更新されます。これは、「ST GR0, ANS」のマシン語が#1004番地と#1005番地に格納された「#1100」と「#1009」であり、次に実行する命令は#1006番地にあるからです（**図3.27**）。

「実行」ボタンをクリックして、「RET」という命令を実行してください。プログラムが終了します。このとき処理の流れは、プログラムを起動したOSに戻っているので、PRレジスタはOSのプログラムで次に実行する命令のアドレスになります。ただし、そのアドレスを具体的に示せないので（架空のOSだからです）、PRレジスタの値は不定を意味する「？」

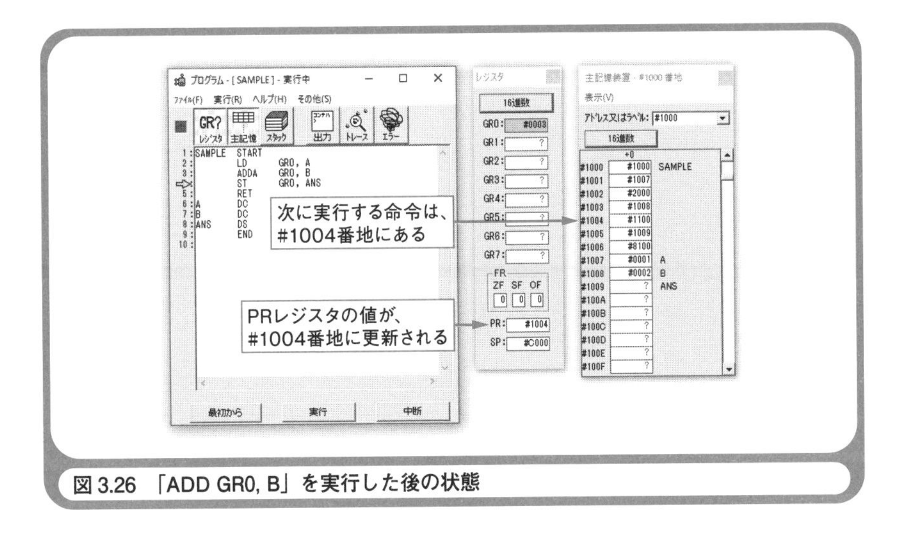

図 3.26 「ADD GR0, B」を実行した後の状態

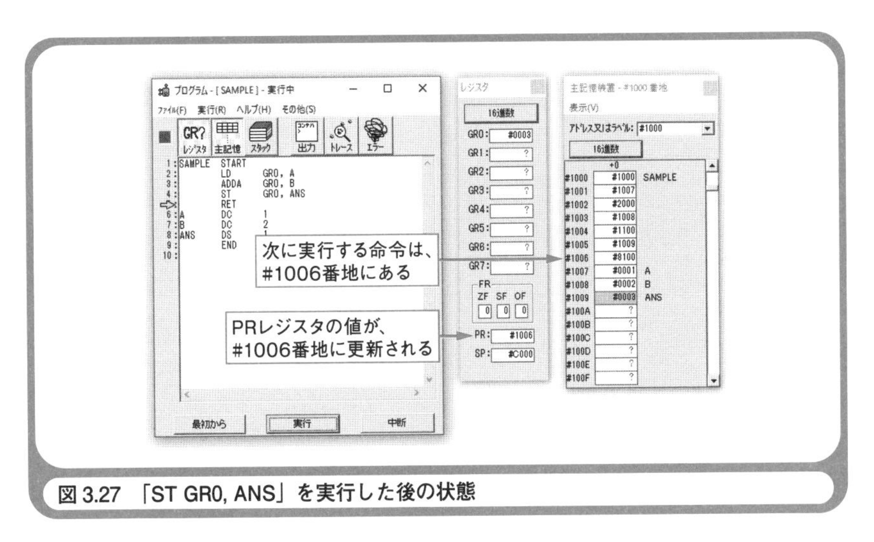

図 3.27 「ST GR0, ANS」を実行した後の状態

になります（**図 3.28**）。「OK」ボタンをクリックして「終了しました。」と表示している小さなウインドウを閉じてください。

以上で、CASL Ⅱシミュレータを使ったアセンブラの体験は終了です。アセンブラのプログラムが表示されたウインドウの右上にある終了ボタン

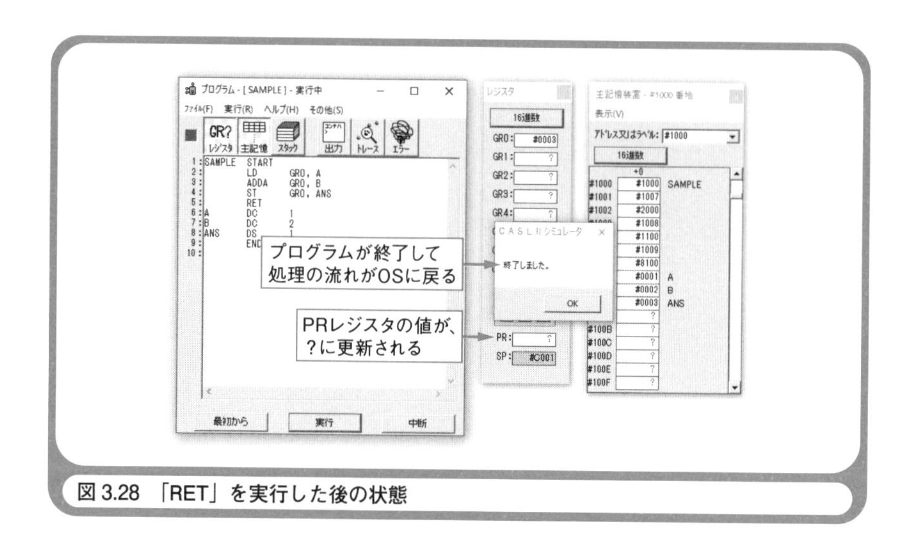

図 3.28 「RET」を実行した後の状態

(×ボタン)をクリックしてください。3つのウインドウがすべて閉じて、CASL IIシミュレータが終了します。

この章の目的は、たった1つだけでした。「1と2を加算する」というプログラムを実行したときに、コンピュータの内部でどのような動作が行われるかを知ることです。そのための手段としてアセンブラでプログラムを記述し、その動作を確認しました。アセンブラを体験した感想は、いかがだったでしょうか。きっと、コンピュータに対する理解がますます深まり、コンピュータのハードウエアとソフトウエアの知識がつながり、「コンピュータがなぜ動くのかがわかった」という感動が得られたでしょう。

次の第4章では、分岐や繰り返しといった「プログラムの流れ」を説明し、ちょっとだけ「アルゴリズム」の話をさせていただきます。どうぞお楽しみに！

第4章

川の流れのように
プログラムは流れる

ウォーミングアップ

本文を読む前に、ウォーミングアップとして以下のクイズに挑戦してください。

初級問題

フローチャートを日本語で何と呼びますか？

中級問題

プログラムの流れの種類を3つ言ってください

上級問題

イベント・ドリブンとは何のことですか？

いかがだったでしょうか。改めて聞かれると、簡潔に答えられない問題もあったでしょう。答えと解説を以下に示しておきます。

初級問題：「流れ図」と呼びます。

中級問題：「順次」「分岐（選択）」「繰り返し（反復）」です。

上級問題：イベントに応じてプログラムの流れが決定されることです。

解説

初級問題：フローチャート（flow chart、流れ図）は、プログラムの流れを図示するために使われます。

中級問題：プログラムの流れの種類は、川の流れと同様です。プログラムでは、まっすぐ流れることを「順次」、流れが分かれることを「分岐」、流れが渦を巻ように繰り返すことを「繰り返し」と呼びます。

上級問題：Windowsアプリケーションは、イベント・ドリブンで動作します。たとえば、「ファイルを開く」メニューを選択することでファイル名と保存場所を指定するウインドウが開くのは、メニューを選択したというイベントによって、プログラムの流れがウインドウを開く処理に決定したからです。

この章のテーマは、プログラムの流れです。プログラマは、常にプログラムの流れを考えてプログラムを作っています。プログラムを作った経験がない人は、プログラムが流れることを知りません。プログラムが思い通りに作れない人は、プログラムが流れるというイメージを十分につかめていません。

なぜプログラムは流れるのか？ それは、コンピュータの頭脳であるCPUが同時に解釈・実行できる命令の数が、基本的に1つだけだからです。プログラムは、命令と、命令の対象となるデータを書き並べたものです。長い紙のテープに複数の命令が1つずつ順番に書き並べられている様子をイメージしてください。このテープをたぐって端から順番に解釈・実行していけば、プログラムが流れているように見えるでしょう。これがプログラムの流れです。ただし、プログラムの流れは1種類だけではありません。まず、プログラムの流れの種類から説明をはじめましょう。

プログラムの流れは３種類ある

ここまで本書を読んできた皆さんは、コンピュータが動作する様子をハードウエア的にイメージできるはずです。コンピュータのハードウエアは、CPU、メモリー、I/Oの3つの装置から構成されています。メモリーには、プログラム、つまり命令とデータが記憶されています。CPUは、クロック・ジェネレータから生成されるカチカチというクロック信号に合わせて、メモリーから命令を読み出し、それを順番に解釈・実行します。

CPUの中には、さまざまな役割を持ったレジスタがあります。その中の1つに、PR[*1]というレジスタがあります。PRレジスタは、次に実行する命令が記憶されたメモリー・アドレスを格納する役割を持っています。PRレジスタの値は、1つの命令を解釈・実行するごとに自動的に更

＊1　ここでは、第2章と第3章で取り上げたCOMETⅡのCPUやメモリーを想定して説明しています。

新されるようになっています。

PRレジスタの値は、基本的にプラスされていきます。たとえば、メモリー・アドレスの#1000番地（#は16進数であることを示します）に2箱で構成される命令が記憶されていたなら、それを解釈・実行した後で、PCレジスタの値は#1000＋2＝#1002番地になります。すなわち、プログラムは、基本的にメモリーに記憶された下位アドレス（小さい番地）から上位アドレス（大きい番地）に向かって流れていくのです。このようなプログラムの流れを「順次」と呼びます（**図4.1**）。

プログラムの流れは、全部で3種類あります。順次のほかは「分岐」と「繰り返し」です。たった3種類だけなので、覚えるのは簡単でしょう。分岐のことを「選択」と呼び、繰り返しのことを「反復」と呼ぶ場合もあります。

順次は、先ほど説明した、メモリーに記憶された順序で順番に進む流れです。分岐は、何らかの条件に応じてプログラムの流れが枝分かれする流れです。繰り返しは、プログラムの特定の範囲を何度か繰り返す流れです。どんなに大規模で、どんなに複雑なプログラムであっても、これら3つの流れの組み合わせで実現されています。

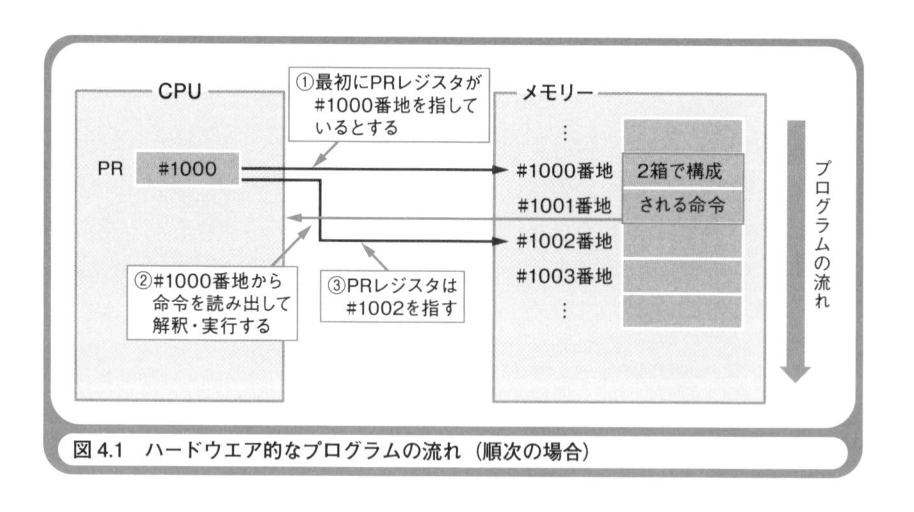

図4.1　ハードウエア的なプログラムの流れ（順次の場合）

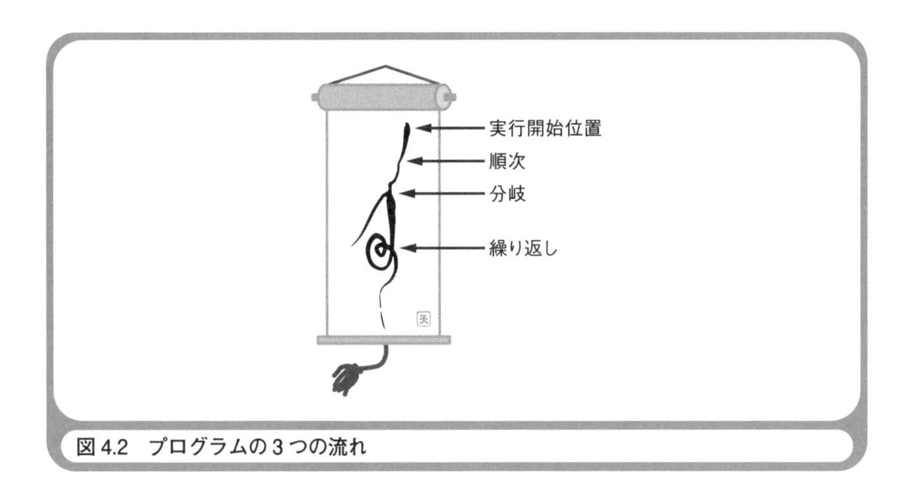

図4.2　プログラムの3つの流れ

プログラムの3つの流れは、川の流れと同様です。山の上の泉から湧き出した清水が流れの始まりです（プログラムの実行開始位置）。山を下って流れる水は、まっすぐ流れる（順次）こともあれば、途中で枝分かれ（分岐）することもあり、場合によっては渦を巻く（繰り返し）こともあるでしょう。プログラムの流れは、まるで掛け軸に描かれた山水画（**図4.2**）のように美しいと思いませんか？

山水画ほど美しくないかもしれませんが、簡単なプログラムをお見せしましょう。**リスト4.1**は、Python[*2]というプログラミング言語で記述した「じゃんけんゲーム」です。コンピュータとユーザーが5回じゃんけんをして、ユーザーが勝った回数を表示するというものです。実行結果の例を**図4.3**に示します。

---

*2　本書の第1版でVBScriptというプログラミング言語を使っていた部分を、第2版ではPythonに書き換えています。Pythonがインストールされた環境をお持ちなら、リスト4.1をjanken.pyというファイル名で作成し、端末（Windowsではコマンドプロンプト）で「python janken.py」と入力すれば、プログラムを実行できます。

リスト 4.1　Python で記述した「じゃんけんゲーム」

```
# 乱数を生成するモジュールをインポートする
import random

# 起動メッセージを表示する
print("じゃんけんゲーム version 1.00")
print("グー=0、チョキ=1、パー=2")

# ユーザーの勝敗をカウントする変数を初期化する
win = 0
lose = 0

# 5回勝負する（あいこは除く）
n = 1
while n <= 5:
    # ユーザーの手をキー入力する
    print()
    user = int(input("ユーザーの手 -->"))

    # コンピュータの手を乱数で決める
    computer = random.randint(0, 2)
    print(f"コンピュータの手 -->{computer}")

    # 勝敗を判定し、結果を表示する
    if user == computer:
        print("あいこです。")
    elif user == (computer - 1) % 3:
        print("ユーザーの勝ちです。")
        win += 1
        n += 1
    else:
        print("ユーザーの負けです。")
        lose += 1
        n += 1

# ユーザーの勝敗を表示する
print(f"{win}勝{lose}負です。")
```

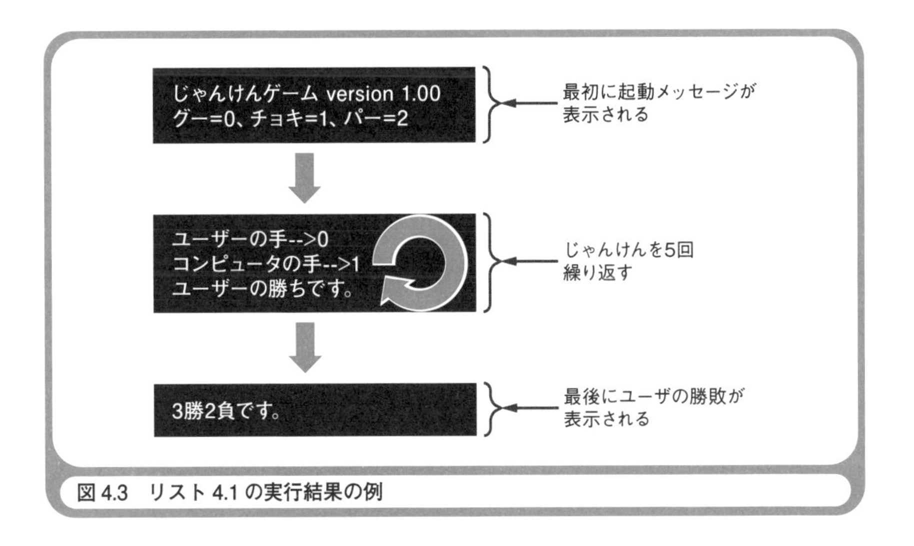

図 4.3　リスト 4.1 の実行結果の例

プログラムの流れを図示するフローチャート

リスト4.1に示した「じゃんけんゲーム」は、順次、分岐、繰り返しの3つの流れを組み合わせたものです。Pythonを知らない人には、プログラムの構文が魔法の呪文のように見えるかもしれません。そこで、誰にでもわかる方法で、リスト4.1の内容を表してみましょう。そのために使われるのが、「フローチャート」です。

フローチャートは、その名前が示す通りプログラムの流れ（flow）を表す図（chart）で、「流れ図」とも呼びます。プログラマの多くは、プログラムを書く前に、フローチャートやそれに類するものを書いてプログラムの流れを考えます。**図4.4**にフローチャートで表した「じゃんけんゲーム」を示します。このフローチャートは、詳細なものではなく、流れの概要を示したものです。

フローチャートが便利なのは、特定のプログラミング言語に依存しないことです。図4.4のフローチャートの流れを、Pythonではなく、他の言語、たとえばC言語やJavaのプログラムとして記述することもできます。

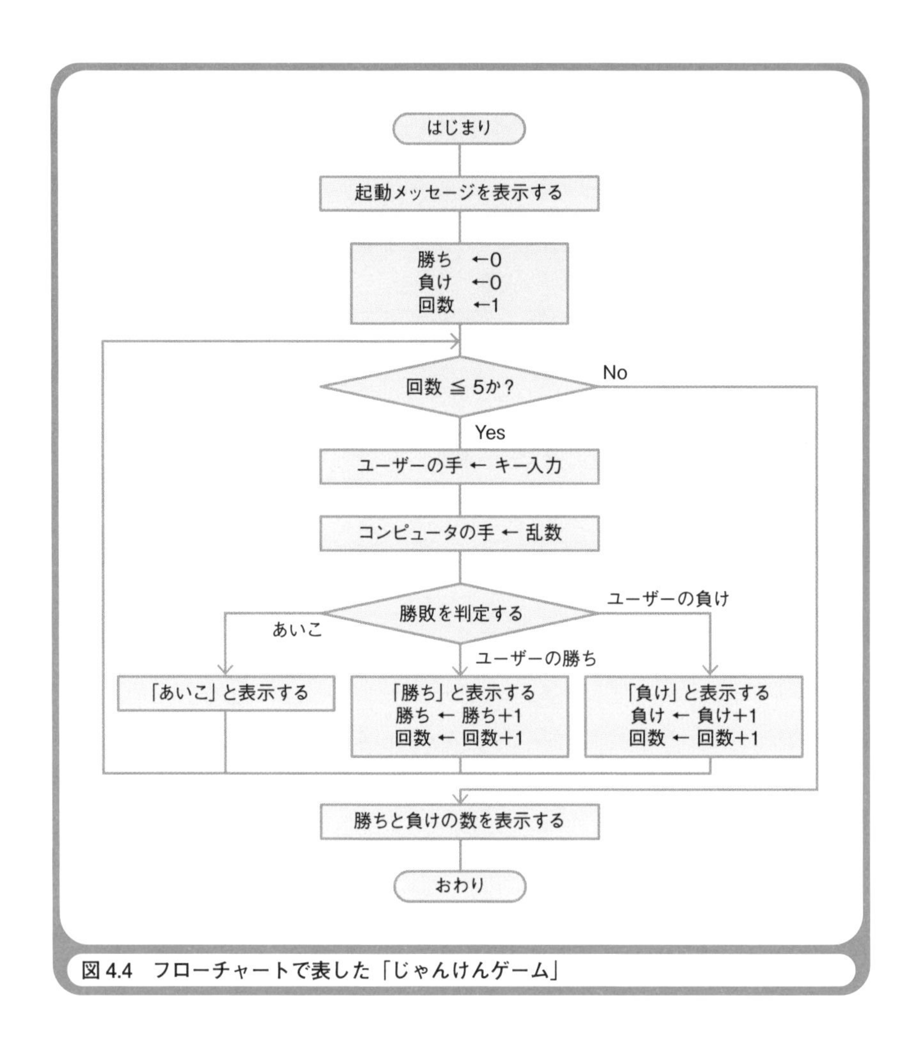

図 4.4　フローチャートで表した「じゃんけんゲーム」

プログラムは、フローチャートの流れを、そのプログラミング言語の文法に従った文書で表したものだからです。詳細なフローチャートがあれば、プログラムは完成したも同然です。筆者の経験では、フローチャートを書くのに1カ月もかかったのに、プログラムの打ち込みが2日で済んだことがあります。

ところで皆さんは、フローチャートを書くのが得意ですか？ フローチャートにはたくさんの図記号があり、これらの全部を使ってフローチャートを書くのを面倒だと思っている人が多いのではないでしょうか。

プログラムの流れを表すために最低限必要な図記号は、実際にはわずかなものです。**表4.1**の図記号だけを覚えれば十分でしょう。筆者もこれら以外の図記号は滅多に使いません。ディスプレイやプリンタ用紙の形をした図記号などもありますが、表現を豊かにするためのオマケだと思ってください。

表4.1に示した図記号だけを使って、プログラムの3種類の流れを書き表せます(**図4.5**)。順次は、四角い箱を直線で結ぶだけです(a)。分岐は、ひし形からの流れを分けます(b)。繰り返しは、条件に応じて処理を行って前に戻ります(C)。どうです。すべての流れが表せたでしょう！

表4.1　最低限必要なフローチャートの図記号

図記号	意味
	はじまりとおわりを表す
	処理を表す
	分岐や繰り返しの条件を表す
	図記号を結んで流れを表す 向きを明確にするときは矢印を付ける

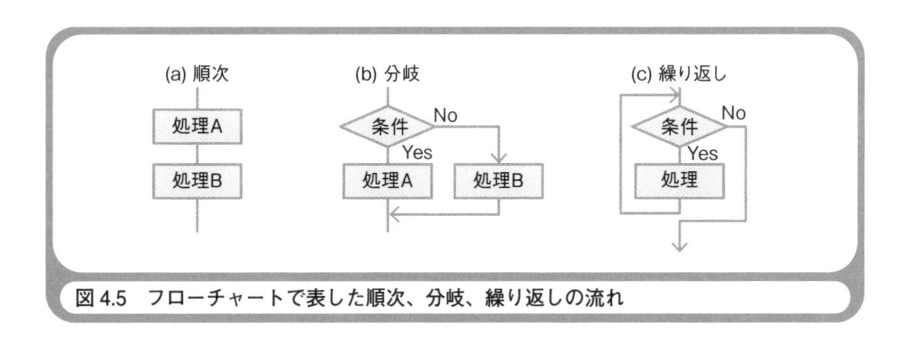

図4.5　フローチャートで表した順次、分岐、繰り返しの流れ

プログラマたるもの、自由自在にフローチャートを使いこなせなければなりません。プログラムの流れを考えるときは、まず頭の中でフローチャートを思い描くのです。

繰り返しのブロックを表す帽子とパンツ

もうちょっとフローチャートの話を続けましょう。フローチャートで繰り返しを表すときに、**図4.6**に示した図記号を使うこともできます。筆者はこれらを「帽子とパンツ」と呼んでいます（もちろん正式な呼び名ではありません）。「六角形」と呼ぶよりは、水泳のときに着用する帽子とパンツに形が似ているからです。

帽子の形をした図記号と、パンツの形をした図記号の中には、それらがペアとなっていることを表すために適当な名前を書きます。そして、繰り返される処理を帽子とパンツで囲みます。繰り返しの中にさらに繰り返しがある場合は、帽子とパンツが2つずつ使われます。ペアとなっている帽子とパンツを見分けられるように名前を書くのです。

ちょっと余談ですが、筆者の名前は久雄（ひさお）で、康男（やすお）という名前の兄がいます。兄と弟の帽子とパンツを一緒に洗濯すると、どれが誰のものであるかがわからなくなってしまいます。そこで、筆者の母親は、私たち兄弟の帽子とパンツに名前を書いてくれました。フロー

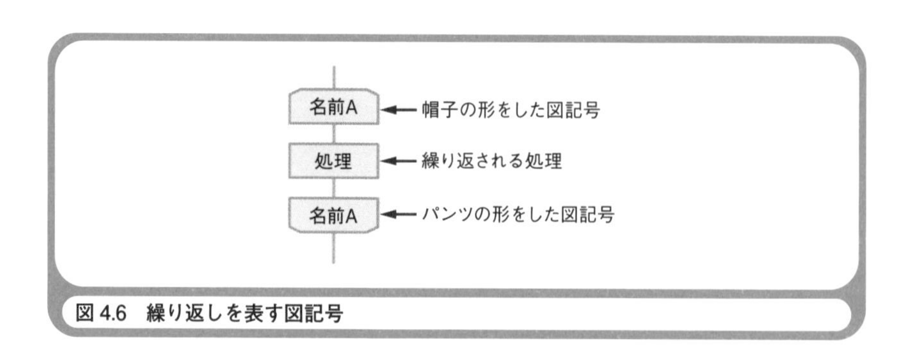

図 4.6　繰り返しを表す図記号

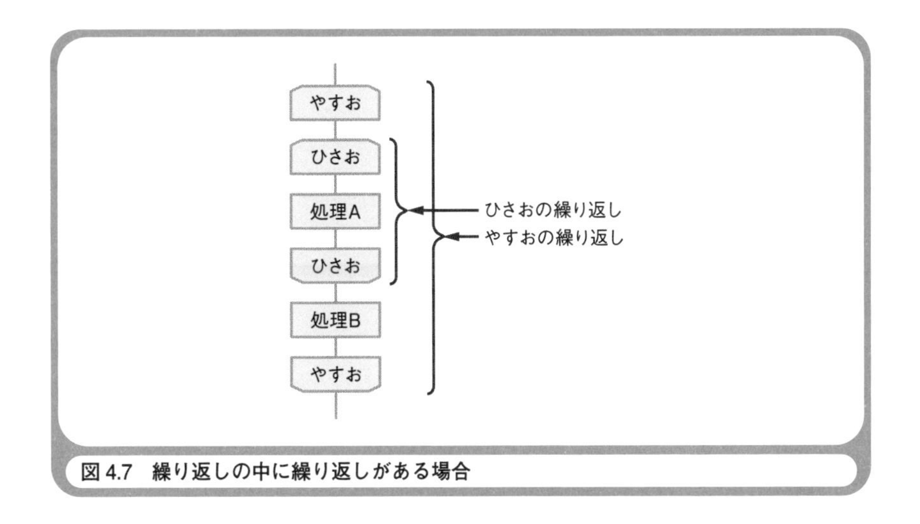

図4.7 繰り返しの中に繰り返しがある場合

チャートの帽子とパンツの図記号に名前を書くのも同じような目的です(**図4.7**)。

話が脱線してしまいましたので、本題に戻りましょう。コンピュータのハードウエア的な動作では、繰り返しは、条件に応じて前の処理に戻ることで実現しています。マシン語やアセンブラでジャンプ命令[*3]を使うと、PRレジスタにジャンプ先のメモリー・アドレスが設定されるのです。このとき、前に実行した処理のメモリー・アドレスを設定すれば、繰り返しとなります。したがって、繰り返しを表すのは、図4.5(c)に示したひし形の図記号を使ったフローチャートだけで十分なのです。マシン語またはアセンブラで繰り返しを表す場合は、何らかの比較をして、その結果に応じて、前のアドレスにジャンプすることになります(**図4.8**)。

ところが現在では、マシン語やアセンブラはほとんど使われません。より効率的にプログラムを作成できるC言語、Java、Pythonなどの高水準言語が使われます。これらの高水準言語では、ジャンプ命令ではなく

*3 ジャンプ命令は、プログラムの任意の位置に、処理の流れを変える命令です。アセンブラでは、ジャンプ命令のオペランドに、ジャンプ先のメモリー・アドレスを指定します。

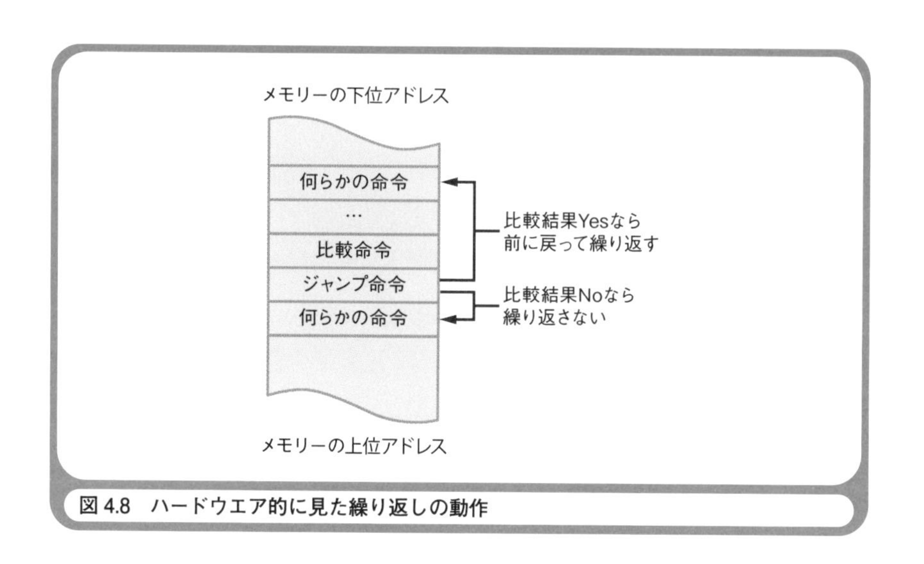

図 4.8　ハードウエア的に見た繰り返しの動作

「ブロック」を使って繰り返しを表します。ブロックとは、プログラムの「かたまり」を表すものです。繰り返しの対象となる部分は、プログラムのかたまりの1つです。図4.6に示した帽子とパンツの図記号を使った繰り返しの表し方は、ブロックを使う高水準言語に適した表現なのです。

リスト4.2は、先に示した「じゃんけんゲーム」の中で繰り返しを行っているブロックを抜き出したものです。Pythonでは、whileという構文で繰り返しを表します。繰り返す処理は、インデント（行の先頭に空白文字を入れて字下げをすること）します。whileとインデントされた処理が、繰り返しのブロックになります。whileの後に、繰り返しの条件を記述します。「while n <= 5」は、じゃんけんの回数を示す変数nが5以下である限り繰り返すという意味です。フローチャートでは、この繰り返し条件を帽子の中に書きます（**図4.9**）。

パンツと帽子で繰り返し処理を表すのは、高水準言語を使ってプログラミングするのに適した表現方法です。ただし、ハードウエアの動作をそのまま表すマシン語やアセンブラには、whileに相当する命令がありま

リスト4.2　高水準言語での繰り返しの表現

```
while n <= 5:
    # ユーザーの手をキー入力する
    print()
    user = int(input("ユーザーの手 -->"))

    # コンピュータの手を乱数で決める
    computer = random.randint(0, 2)
    print(f"コンピュータの手 -->{computer}")

    ...
```

繰り返しのブロック

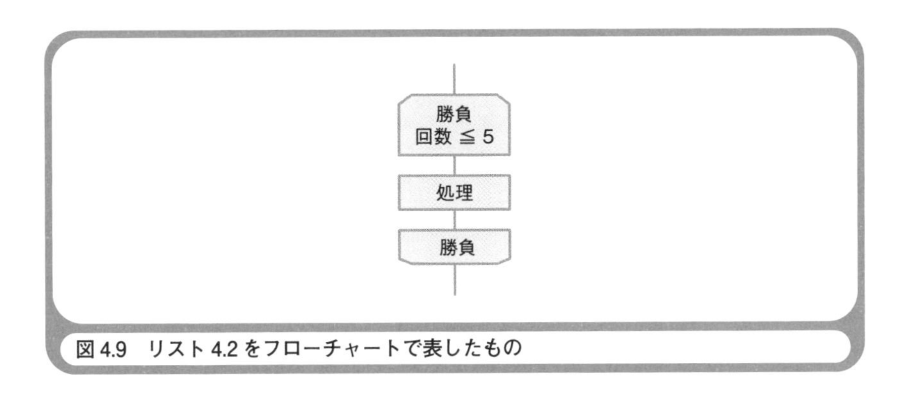

図4.9　リスト4.2をフローチャートで表したもの

せん。分岐で前の処理に戻ることで繰り返しが実現されています。もちろん、分岐もジャンプ命令で実現されています。比較を行った結果として、前の処理にジャンプすれば繰り返しですが、先の処理に分岐してジャンプすれば分岐です（**図4.10**）。

高水準言語では、分岐もブロックで表されます。Pythonでは、if、elif、elseで分岐を表します。これらのキーワードによって、3つの領域に区切られたブロックが作られます（**リスト4.3**）。ifの後に記述された条件に一致すれば、ifのブロックに記述された命令に流れが分岐します。elif（else ifという意味です）の後に記述された条件に一致すれば、elifの

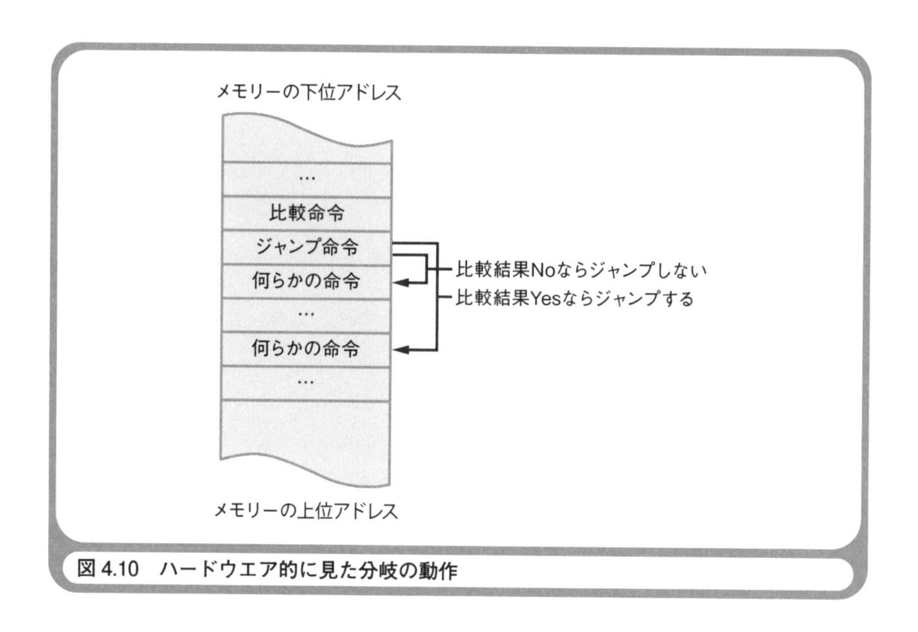

図 4.10　ハードウエア的に見た分岐の動作

リスト 4.3　高水準言語での条件分岐の表現

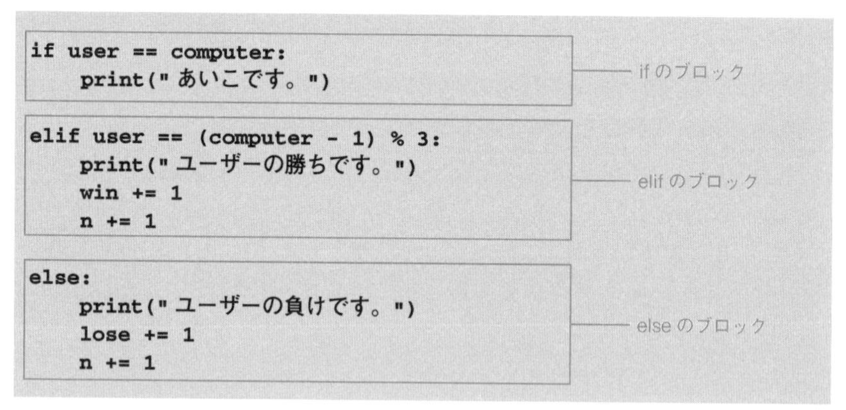

```
if user == computer:
    print("あいこです。")

elif user == (computer - 1) % 3:
    print("ユーザーの勝ちです。")
    win += 1
    n += 1

else:
    print("ユーザーの負けです。")
    lose += 1
    n += 1
```


ブロックに記述された命令に流れが分岐します。どちらの条件にも一致しない場合は、elseのブロックに記述された命令に流れが分岐します。高水準言語の条件分岐のブロックは、ひし形の図記号を使ったフローチャートで表せます。

構造化プログラミングとは何か？

ブロックの話題になったので、「構造化プログラミング」の説明もしておきましょう。皆さんも言葉だけは、どこかで聞いたことがあるでしょう。構造化プログラミングは、ダイクストラという学者によって提唱されたプログラミング・スタイルです。構造化プログラミングとは何かを簡単に説明すれば、「プログラムを構造的に作りましょう。そのためには、プログラムの流れを順次、分岐、繰り返しだけで表し、ジャンプ命令を使わないようにしましょう」ということです[*4]。プログラムの流れを順次、分岐、繰り返しだけで表すというのは当たり前ですが、ジャンプ命令を使わないということに注目してください。

コンピュータのハードウエア的な動作としては、ジャンプ命令を使わなければ分岐も繰り返しも実現できません。ただし、Pythonなどの高水準言語では、条件分岐はif～elif～elseのブロックで表せ、繰り返しはwhileのブロックで表せます。ジャンプ命令が必要ない状況にはなっているのですが、そうであっても高水準言語の中には、低水準言語のジャンプ命令に相当する命令（たとえばC言語ではgoto命令）が用意されているものがあるのです。「せっかく高水準言語を使っているのだから、ジャンプ命令に相当する命令など使うな。そんな命令を使わなくても、プログラムの流れを表せるのだ」ということをダイクストラは言いたいのでしょう。ジャンプ命令は、プログラムの流れが複雑に絡み合ってしまった「スパゲッティ状態」にプログラムを陥らせる危険性が高いからです（**図4.11**）。

アルゴリズムをフローチャートで考える

フローチャートから発展させて、ちょっとだけアルゴリズムの話をし

＊4　順次、分岐、繰り返しの構造にすることだけではなく、プログラムを部品に分けた構造にすることも、構造化プログラミングと呼ぶ場合があります。

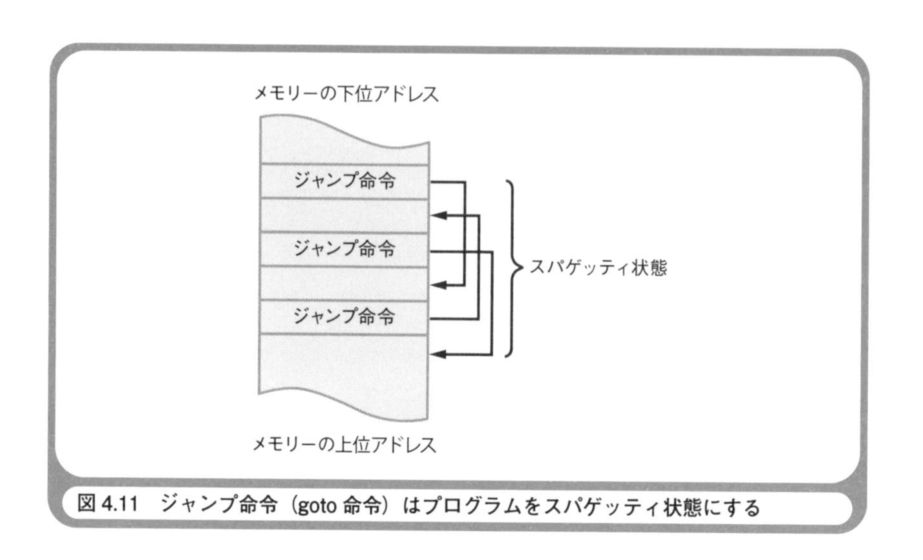

図 4.11　ジャンプ命令（goto 命令）はプログラムをスパゲッティ状態にする

ておきましょう。「アルゴリズム (algorithm)」とは、与えられた問題を解く手順のことです。問題を解くとは、プログラムの流れとして表すことです。

1つの命令だけで「じゃんけんゲーム」を実現できるプログラミング言語は存在しません。「じゃんけんゲーム」という問題が与えられたなら、いくつかの命令を組み合わせて命令の流れを考える必要があります。「じゃんけんゲーム」を実現するための流れが考えられたなら、問題が解けた（すなわちアルゴリズムが完成した）ことになります。もしも皆さんが先輩から「このプログラムのアルゴリズムはどうなっているの？」と聞かれたなら、プログラムの流れを説明すればよいのです。フローチャートを書いてもよいでしょう。プログラムの流れを図示したフローチャートは、アルゴリズムを表しているからです。

アルゴリズムを考えるポイントは、プログラム全体の大雑把な流れと、プログラムの各部分の細かな流れの2段階で考えることです。細かな流れに関しては、次の章で説明しますので、ここでは、大雑把な流れだけを説明しておきましょう。これは、とても簡単な流れになります。多少の例外はあるとしても、ほとんどのプログラムは、全体として1つの決まりきった流れを持っています。それは、「初期処理」→「繰り返し処理（主処理）」→「終了処理」という流れです。

ユーザーがプログラムをどのように使うかを考えてみましょう。まず、プログラムを起動します（初期処理が行われる）。次に、プログラムを必要なだけ使います（繰り返し処理が行われる）。最後にプログラムを終了します（終了処理が行われる）。このようなプログラムの使われ方が、そのままプログラム全体の流れになります。たとえば、「じゃんけんゲーム」のフローチャートを初期処理、繰り返し処理、終了処理に分けて大雑把に書くと**図4.12**のようになります。5回の繰り返し処理は、全体を1つの処理と考えます。

プログラム全体の大雑把な流れは、筆者がこの原稿を書いているワープロでも同じです（**図4.13**）。まず、ワープロを起動し、用紙のサイズや向きなど文書の設定をします（初期処理）。次に、文字の入力や削除など文書の編集を繰り返します（繰り返し処理）。最後に、文書を保存します

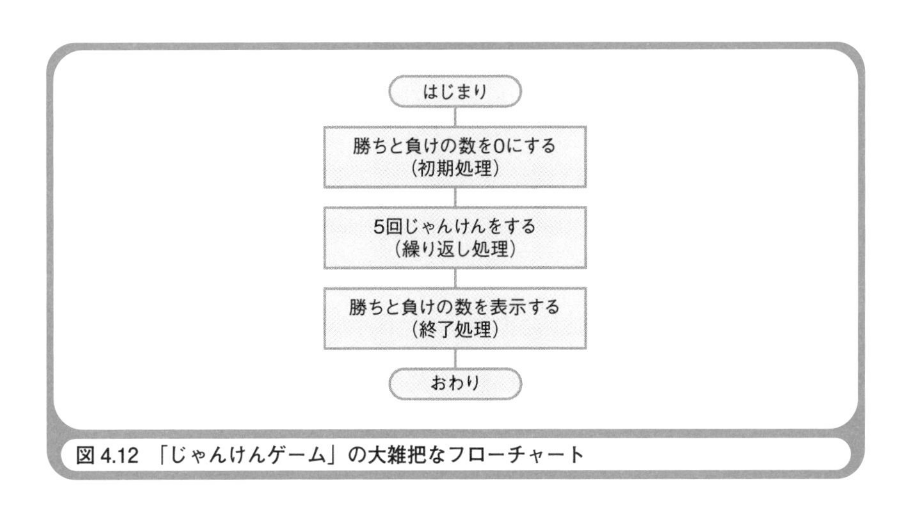

図4.12　「じゃんけんゲーム」の大雑把なフローチャート

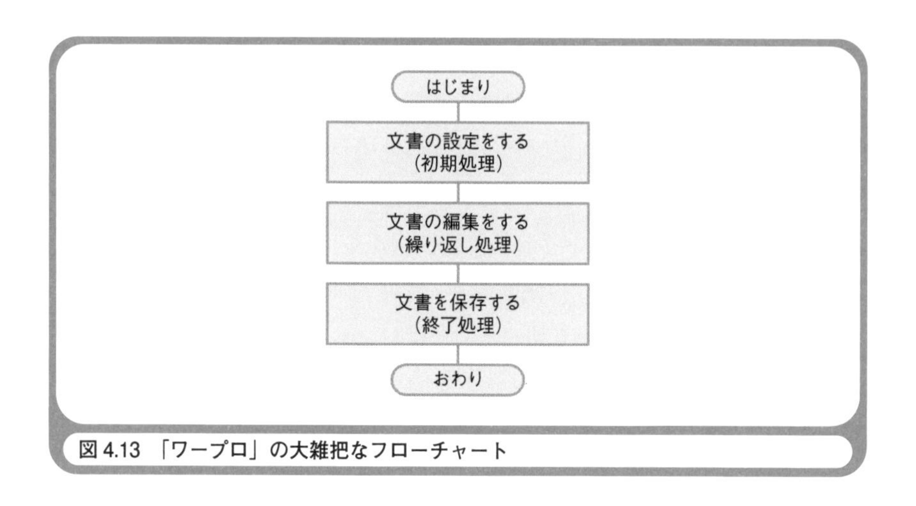

図 4.13 「ワープロ」の大雑把なフローチャート

(終了処理)。

プログラムが思い通りに作れないと悩んでいる人は、プログラム全体の流れを大雑把に表したフローチャートの作成から始めるとよいでしょう。それを徐々に詳細化していけばフローチャーが完成します。あとはフローチャートの流れの通りにプログラムを打ち込めばよいのです。

イベント・ドリブンという特殊な流れ

最後に、ちょっと特殊なプログラムの流れを説明しましょう。「イベント・ドリブン(event driven)」です。イベント・ドリブンは、Windowsアプリケーションのような GUI (Graphical User Interface) 環境用のプログラムで使われます。アプリケーションのユーザーが、マウスをクリックしたりキーボード入力したりすることを「イベント(event＝出来事)」と呼びます。イベントを検知するのは、OSであるWindowsです。Windowsは、アプリケーションの持つ関数を呼び出すことで、イベントの発生をアプリケーションに知らせます。アプリケーションには、マウスのクリックやキーボード入力などに対応させて、それぞれの処理を行う関数を用意しておきます。これがイベント・ドリブンです。イベント・ドリブンは、イベントの種類に応じて、プログラムの流れが決定するという、特殊な分岐だと言えるでしょう。

イベント・ドリブンの流れをフローチャートで表すこともできますが、多くのひし形（条件）が羅列された複雑なものになってしまいます。このようなイベント・ドリブンを表すのに便利なのが「状態遷移図」です。状態遷移とは、複数の状態があって、さまざまな要因によって別の状態に変わっていく流れのことです。GUI環境用のプログラムでは、画面に表示されたウインドウが、いくつかの状態を持っています。たとえば、**図4.14**に示した「電卓アプリケーション」では、「結果を表示している状態」「1つ目の値を表示している状態」「2つ目の値を表示している状態」の3つの状態が考えられます[*5]。押されたキーの種類に応じて状態が変わる（遷

図4.14　Windowsに付属する「電卓アプリケーション」

＊5　電卓アプリケーションの状態をどのように分けるのかは、プログラムの設計者によって異なります。ここでは、電卓の表示に注目して、演算結果を表示している状態、演算する1つ目の値を表示している状態、1つ目の値と演算する2つ目の値を表示している状態、という3つの状態に分けています。

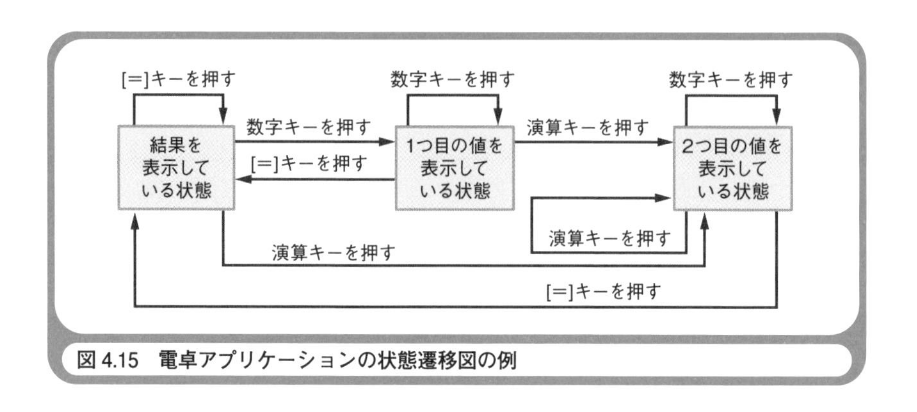

図 4.15 電卓アプリケーションの状態遷移図の例

表 4.2 電卓アプリケーションの状態遷移表の例

状態／状態遷移の要因	数字キーを押す	[=] キーを押す	演算キーを押す
(1) 結果を表示している状態	→(2)	→(1)	→(3)
(2) 1 つ目の値を表示している状態	→(2)	→(1)	→(3)
(3) 2 つ目の値を表示している状態	→(3)	→(1)	→(3)

移する）のです。状態遷移図では、四角い箱の中に状態名を書き、遷移の方向を矢印で示し、その上に遷移の要因（イベント）を書き添えます（**図 4.15**）。

図を書くのが面倒だと思う人には、「状態遷移表」がお薦めです（**表 4.2**）。表ならMicrosoft Excelなどの表計算ソフトを使って書くことができ、図に比べれば修正も容易です。縦のタイトルに状態を番号付きで書き、横のタイトルに遷移の要因を書き、個々のセルに遷移先の状態の番号を書きます。

☆　☆　☆

イベント・ドリブンの説明を読んで、ちょっと混乱してしまったかもしれませんが、流れの種類に順次、分岐、繰り返しの3種類しかないことに変わりはありません。プログラムの流れの基本は、順次です。分岐と繰り返しは、高水準言語ではwhileやifなどのブロックで表され、マシン語やアセンブラではジャンプ命令で表され、ハードウエア的にはPRレジスタにジャンプ先のメモリー・アドレスが設定されることで実現されます。これらのイメージをしっかりとつかんでいただければOKです。

次の第5章では、この章でちょっとだけ触れた「アルゴリズム」をより詳しく説明します。どうぞお楽しみに！

COLUMN

セミナーの現場から

パソコンの分解実習

筆者は、企業の IT 部門の新人さん向けの「IT 基礎」というセミナーで講師をしています。セミナーの最初のテーマとして、使わなくなった古い Windows パソコンを分解して、内部にある CPU、メモリー、I/O などの装置を確認しています。セミナーの様子を紙上で再現してみましょう。

講師：まず、コンピュータの頭脳である CPU を取り出してみましょう。
受講者：どこにあるのですか？
講師：動作時に発生する熱を逃がすための扇風機とフィン（金属の薄い板が並んだもの）の下にあります。
受講者：INTEL PENTIUM4 2.40 GHz という CPU がありました！
講師：それがコマーシャルでよく聞く「インテル入っている」ということです。CPU の裏を見てください。
受講者：生け花のケンザンのようなピンがたくさんあります。金色で綺麗ですね。
講師：電気の流れがよくなるように金メッキがしてあります。パソコンだけでなく、スマホやデジカメなどの中にある電子部品では、金や銅などの貴重な金属が使われています。東京 2020 オリンピック・パラリンピックでは、古い電子機器からリサイクルした金属を利用してメダルを作った、ということを聞いたことがあるでしょう？
受講者：はい、覚えています。「みんなのメダルプロジェクト」ですね！
講師：今度は、メモリー・モジュール（複数の IC が搭載されたボード）を取り出してみましょう。
受講者：SAMSUNG というメーカーで 256MB のメモリー・モジュールが 4 枚ありました！ 256MB × 4 ＝ 1024MB です。ずいぶん中途半端な値ですね？

写真　古いWindowsパソコンのフタを開けたところ

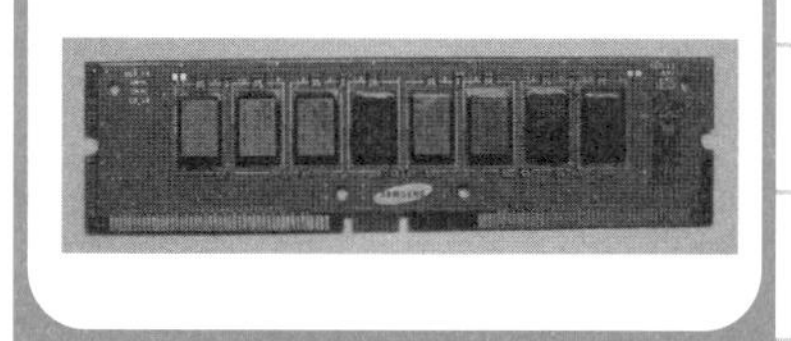

写真　パソコンから取り出したCPUとメモリー・モジュールの例

講師:いやいや、10進数の1024は、2進数で10000000000なので、とても切りがよいのです。

受講者:その他のICには、何の役割があるのですか?

講師:主な役割は、さまざまな周辺装置をつなぐI/Oです。この時代のWindowsパソコンでは、ノースブリッジとサウスブリッジという2つのICがあります。

受講者:ノース(北)とサウス(南)って、地図みたいですね。

講師:地図では北が上で南が下であるように、回路図ではノースブリッジが上でサウスブリッジが下に示されます。

受講者:パソコンの向きに上下があるみたいで面白いですね!

企業の教育担当者さんの中には、「パソコンを分解することに学習効果があるのだろうか?」という疑問を持つ人もいるようですが、とても大きな効果があります。それは、「中身を知れば好きになる」「好きなら上手になる」ということです。他のことに例えれば、運転だけする人より、ボンネットを開けて中をいじる人の方が、自動車が好きなはずです。自動車が好きな人は、運転も上手なはずです。これは、コンピュータでも同様でしょう。

第5章

アルゴリズムと仲良くなる7つのポイント

ウォーミングアップ

本文を読む前に、ウォーミングアップとして以下のクイズに挑戦してください。

初級問題

アルゴリズムを日本語に訳すと何ですか？

中級問題

ユークリッドの互除法は、何を求めるアルゴリズムですか？

上級問題

プログラミングにおいて「番兵」とは何のことですか？

いかがだったでしょうか。改めて聞かれると、簡潔に答えられない問題もあったでしょう。答えと解説を以下に示しておきます。

初級問題：英和辞典では「演算法」と訳されています。

中級問題：最大公約数を求めるアルゴリズムです。

上級問題：文字列やリストなどの末尾などを示すために使われる特殊な値のデータのことです。

解説

初級問題：アルゴリズム（algorithm）の語源は、数学者の名前ですが、英和辞典では「演算法」や「演算手順」と訳されています。

中級問題：最大公約数とは、２つの整数に共通する約数の中で最大の値のことです。ユークリッドの互除法では、機械的な手順で最大公約数を求めることができます。

上級問題：文字列の末尾を０で示したり、リストの末尾を－１で示したり、目印となるデータが番兵です。本文では、線形探索というアルゴリズムで番兵の活用方法を示します。

この章のポイント

プログラムは、現実世界の業務や遊びなどをコンピュータ上で実現するものです。そのためには、現実世界の処理の手順、すなわち処理の流れをコンピュータの都合に合わせてプログラムで表現する必要があります。ほとんどの場合は、1つの目的を達成するために複数の処理が必要になります。たとえば「2つの数値の加算結果を求める」という目的を達成するためには、「1つ目の数値の入力」「2つ目の数値の入力」「数値の加算」「結果の表示」という4つの手順を踏むことになります。このような処理の手順のことをアルゴリズムと呼びます。

アルゴリズムには、プログラム全体の大きな流れを表すものと、プログラムの部分的な小さな流れを表すものがあります。大きな流れは、第4章で説明しました。この章のテーマは、小さな流れを表すアルゴリズムです。

アルゴリズムはプログラミングの「慣用句」

プログラミング言語を学ぶことは、外国語を学ぶことと似ています。自分が考えたことを相手にうまく伝えるために必要な知識は、単語や文法を覚えるだけでは不十分です。会話でよく使われる慣用句を知ってはじめて、うまく会話できるようになります。これは、C言語、Java、Pythonなどのプログラミング言語でも同じです。キーワードや構文を覚えただけでは、コンピュータとうまく対話できませんが、アルゴリズムを知るとうまく伝えられるようになります。アルゴリズムはプログラミングの慣用句に相当するものだからです。

皆さんは、アルゴリズムに対して「とても難しいもの」とか「自分とは縁遠いもの」という印象を持っているのではないでしょうか。たしかに、簡単には理解できない難しいアルゴリズムもあります。ただし、賢い学者が考え出したようなアルゴリズムをすべて覚えなければプログラムを作れないわけではありません。簡単なアルゴリズムもあります。皆さん自身がオリジナルのアルゴリズムを考えてもよいのです。現実世界の手順がわかり、コンピュータの都合がわかるなら、必ずアルゴリズムを考えられます。アルゴリズムを考えることは、とても楽しいことでもあります。以下ではアルゴリズムを考えるポイントを説明していきます。これを機会に、ぜひアルゴリズムと仲良くなって、アルゴリズムを考える楽しさを知ってください。

ポイント1：問題を解く手順が明確で有限回である

あらためてアルゴリズムとは何かを説明しましょう。アルゴリズム(algorithm)の意味を英和辞典で調べてみると「演算法」や「演算手順」と訳されています。漠然としていて、なんだかよくわからないですね。

JIS(日本産業規格)を見てみると、アルゴリズムの定義が「明確に定義された有限個の規則の集まりであって、有限回適用することにより問題を解くもの。たとえば、sin xを決められた精度で求める算術的な手順をもれなく記述した文」と書いてあります。この定義は堅苦しい表現ですが、アルゴリズムが何であるかを適切に示しています。

わかりやすく言えば、アルゴリズムとは「問題を解く手順を、もれなく、文書や図で表したもの」のことです。この文書や図をプログラミング言語の表現に置き換えて記述すれば、プログラムになります。さらに「その手順は明確で、有限回でなければならない」という条件があることに注目してください。

ここから先は具体例を示しましょう。まず、「12と42の最大公約数を求める」という問題を解くアルゴリズムを考えてみます。最大公約数とは、2つの整数に共通した約数(割り切れる数)の中で最大の値のことです。最大公約数の求め方は、中学校の数学の時間に学んだはずです。2つの整数を並べて書き、両者を割れる数を抜き出していきます。それらを掛け合わせたものが、最大公約数になります(**図5.1**)。

6という最大公約数が求められました。答えは合っています。この手順

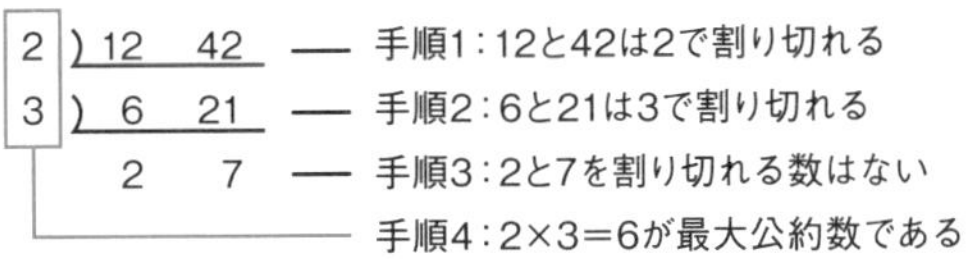

```
2 ) 12  42  ── 手順1：12と42は2で割り切れる
3 )  6  21  ── 手順2：6と21は3で割り切れる
     2   7  ── 手順3：2と7を割り切れる数はない
            ── 手順4：2×3＝6が最大公約数である
```

図 5.1　中学校で習った最大公約数の求め方

をアルゴリズムと呼べるでしょうか。いいえ、ダメです。手順が明確でないからです。

手順1において12と42が“2で割り切れる”ことと、手順2において6と21が“3で割り切れる”ことが、どうしてわかるのでしょう。割り切れる数字を見つける方法が、この手順からはわかりません。手順3において2と7を割り切れる数がないことも、どうしてわかるのでしょうか。手順を終わらせる（すなわち有限回にする）理由が明確ではありません。

これらは、人間の“勘”によって判断されたことです。問題を解く手順の中に勘が関与しているものは、アルゴリズムではありません。アルゴリズムでないので、プログラムとして表すこともできません。

ポイント２：勘に頼らず機械的に問題が解ける

コンピュータは、自ら物を考えることができません。したがって、コンピュータに与えるプログラムのアルゴリズムは、機械的な手順でなければならないのです。機械的な手順とは、勘に頼ることなく手順どおりにやれば必ずできるという意味です。多くの学者や先輩プログラマによって、人間の勘に頼った手順ではなく、機械的に問題を解く手順が数多く考案されています。これらは「定番アルゴリズム」とでも呼ぶべきものでしょう。

最大公約数を求めるという問題を機械的に解くアルゴリズムとして「ユークリッドの互除法」があります。ユークリッドの互除法には、除算

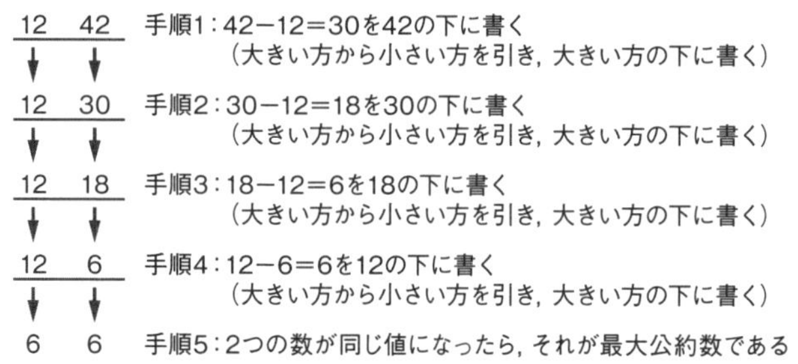

12	42	手順1：42−12＝30を42の下に書く （大きい方から小さい方を引き，大きい方の下に書く）
↓	↓	
12	30	手順2：30−12＝18を30の下に書く （大きい方から小さい方を引き，大きい方の下に書く）
↓	↓	
12	18	手順3：18−12＝6を18の下に書く （大きい方から小さい方を引き，大きい方の下に書く）
↓	↓	
12	6	手順4：12−6＝6を12の下に書く （大きい方から小さい方を引き，大きい方の下に書く）
↓	↓	
6	6	手順5：2つの数が同じ値になったら，それが最大公約数である

図 5.2　ユークリッドの互除法による最大公約数の求め方

リスト 5.1　12 と 42 の最大公約数を求めるプログラム

```
a = 12
b = 42
while a != b:
    if a > b:
        a -= b
    else:
        b -= a
print(f"最大公約数は、{a}です。")
```

を使う方法と、減算を使う方法がありますが、わかりやすい減算を使う方法を**図5.2**に示します。2つの数で大きい方から小さい方を引くことを（手順）、2つの数の値が同じになるまで繰り返します（手順の終わり）。最終的に同じ数になったら、それが最大公約数です。明確な手順であること、勘に頼らない機械的な手順であること、そして手順を終わらせる理由が明確であることに注目してください。

ユークリッドの互除法を使って12と42の最大公約数を求めるプログラムは、**リスト5.1**のようになります。この章の中で示すプログラムは、すべてPythonというプログラミング言語で記述されています。リスト5.1の実行結果を**図5.3**に示します。ここでは、プログラムの内容がわからなくても構いません。アルゴリズムとして完成しているものは、そのままプ最大公約数は、6 です。

図 5.3　リスト 5.1 の実行結果

ログラムとして表せることに注目してください。

ポイント３：定番アルゴリズムを知り応用する

プログラミングする人は、「アルゴリズム辞典」のような本を入手されることをお勧めします。新入社員が、ビジネス文書を書くために「文書文例辞典」を買うようなものです。アルゴリズムは、皆さん自身で考え出すべきものですが、どう考えてよいかわからない問題に遭遇したら、すでに考案済みのアルゴリズムを調べて利用すればよいのです。

プログラマのたしなみとして、最低限でも知っておくべきだと筆者が思う定番アルゴリズムを**表5.1**に示しておきます。先ほど紹介した最大公約数を求めるアルゴリズム「ユークリッドの互除法」、素数を求めるアルゴリズム「エラトステネスのふるい」(この後で紹介します)、データを検索するアルゴリズム3種類、データを整列させるアルゴリズム2種類――です。これらの定番アルゴリズムを覚えるのは、大いに結構なことですが、アルゴリズムを自分で考えるという気持ちは決して失わないように心がけてください。

読者の皆さんにお願いがあります。今ここで、「12と42の最小公倍数を求める」という問題を解くアルゴリズムを考えてください。最小公倍数とは、2つの整数に共通した倍数(何倍かした数)の中で最小の値のこと

表 5.1　主な定番アルゴリズム

名称	用途
ユークリッドの互除法	最大公約数を求める
エラトステネスのふるい	素数を求める
線形探索	データを探索する
2分探索	データを探索する
ハッシュ表探索法	データを探索する
バブル・ソート	データを整列する
クイック・ソート	データを整列する

です。最小公倍数の求め方も中学校の数学の時間に習ったはずですが、その手順は残念ながら人間の勘に頼ったものです。コンピュータ用の機械的なアルゴリズムを考えてください。皆さんは「どうせ『○○の△△法』のような定番アルゴリズムがあるのだろう」と思い、自ら考えることをためらってしまうかもしれませんね。

アルゴリズム辞典のような書籍を調べても、最小公倍数を求める定番アルゴリズムなどありません。なぜなら、最小公倍数は「2つの整数の乗算結果÷2つの整数の最大公約数」で求められるからです。12と42の最小公倍数は、12×42÷6＝84です。こんな簡単なことは、定番アルゴリズムにはなりません。このように、まずアルゴリズムを自ら考えること、そして定番アルゴリズムを応用することが重要なのです。

ポイント4：コンピュータの処理スピードを利用する

今度は「91が素数かどうかを判定する」という問題を解くアルゴリズムを考えてください。素数を求める定番アルゴリズムには「エラトステネスのふるい」と呼ばれるものがあります。このアルゴリズムが何であるかを調べる前に、皆さんが数学のテストで同じ問題に遭遇したらどうやって解答するかを考えてみてください。

「91より小さいすべての数で割ってみて、割り切れる数がなければ素数である。しかし、こんな面倒な手順でよいのだろうか？」と思われるでしょう。実は、それで正解なのです。エラトステネスのふるいは「100未満の素数をすべて求める」のように、ある数の範囲にある素数を抽出するためのアルゴリズムですが、基本的な考え方は「判定したい数より小さいすべての数で割ってみる」ということなのです。91が素数かどうかを判定するなら、2〜90で割ってみればよいのです（1と91で割り切れるのは当然なので、2〜90で割ってみます）。この手順をプログラムで表すと、**リスト5.2**のようになります。%は除算の余りを求める演算子です。余りが0なら割り切れたことになり、素数でないことがわかります。実行結果を**図5.4**に示します。

どんなに長くて面倒な手順であっても、明確で機械的なら立派なアルゴリズムです。皆さんは、アルゴリズムをプログラムで表してコンピュータに実行させるのです。コンピュータは、驚くほどのスピードで処理をこなしてくれます。91が素数かどうかを判定するために2〜90の89個の数で割る処理など、一瞬で終わってしまいます。コンピュータの処理スピードを利用できることを念頭に置いて、アルゴリズムを考えてよいので

リスト5.2　素数かどうかを判定するプログラム

```
a = 91
ans = "素数です。"
n = 2
n_max = a - 1
while n <= n_max:
    if a % n == 0:
        ans = "素数ではありません"
        break
    n += 1
print(f"{a}は{ans}")
```

91 は素数ではありません

図 5.4　リスト 5.2 の実行結果

す。

コンピュータの処理スピードを利用するもう1つの例として、連立方程式を解いてみましょう。問題は「鶴と亀が合わせて10匹います。足の数の合計は32本です。鶴と亀は、それぞれ何匹いますか」という鶴亀算です。鶴の数をx、亀の数をyとすると、以下の連立方程式が立てられます。

$$\begin{cases} x + y = 10 & \text{……鶴と亀の合計は10匹} \\ 2x + 4y = 32 & \text{……足の数の合計は32本} \end{cases}$$

鶴と亀の数は、0～10の間にあるわけですから、xとyに0～10の値を片っ端から代入してみて、2つの方程式のイコールが成り立つ値を見つければ答えが求められます。組み合わせは121通りあり、手作業ではできないような面倒な手順ですが、コンピュータの処理スピードを利用すれば一瞬で答えが求められます（**リスト5.3、図5.5**）。

リスト 5.3　鶴亀算を解くプログラム

```
max = 10
x = 0
while x <= max:
    y = 0
    while y <= max:
        if (x + y == 10) and (2 * x + 4 * y == 32):
            print(f" 鶴 ={x}, 亀 ={y}")
            y = max + 1
            x = max + 1
        else:
            y +=1
    x += 1
```

```
鶴 =4, 亀 =6
```

図 5.5　リスト 5.3 の実行結果

ポイント５：スピードアップを目指して工夫する

1つの問題を解くアルゴリズムは1つだけとは限りません。1つの問題を解くのに複数のアルゴリズムが考えられる場合は、プログラムとして実行したときに処理時間の短い方が、よいアルゴリズムであると言えます。コンピュータの処理スピードはすさまじいものですが、それでも大きな数値や膨大な数のデータを取り扱うと時間がかかります。たとえば、91が素数かどうかを判定する処理は一瞬で終わりますが、999999937の場合は筆者のパソコンで165秒もかかりました（ちなみに999999937は素数です）。

ちょっとだけアルゴリズムを工夫することで、処理時間を大幅に短縮できる場合があります。素数の判定では「判定したい数より小さいすべての数で割ってみる」という手順を工夫して「判定したい数の1/2より小さいすべての数で割ってみる」とすればよいのです。1/2より大きい数で割れるはずがないからです。これによって、割り算を試してみる処理の時間を1/2に短縮できます。さらに工夫して「判定したい数の平方根（小数点以下カット）以下のすべての数で割ってみる」とすれば、処理時間を大幅に短縮できます[*1]。

アルゴリズムの工夫の例として有名なものに「番兵（ばんぺい）」があります。番兵とは、目印となるデータのことであり、複数のデータの中から目的のデータを見つける「線形探索」と呼ばれるアルゴリズムなどで利用されます。「複数のデータを先頭から末尾まで1つずつ順番に調べて目的のデータを見つける」というのが線形探索の基本的な手順です。

線形探索の例を示しましょう。100個の箱が並べられていて、それぞれの中に何らかの数値を書いた紙が入っているとします。100個の箱には1〜100の番号がついています。この100個の箱の中に、目的の数値が書かれた紙があるかどうかを探します。

まず番兵を使わない場合です。先頭から順番に箱の中をチェックしていきます。1つの箱の中のチェックを終えたら、箱の番号（変数N）をチェックして、さらに末尾を超えていないことを確認します。この手順をフローチャートで表すと**図5.6**のようになります。

図5.6の手順は、何ら問題がないように思えますが、実は無駄な処理が含まれているのです。それは、箱の番号が100になっていないかどうかを

＊1　判定したい数を割り切れる数があるなら、「判定したい数＝A×B」のように、判定したい数を2つの数の掛け算で表せます。このうち、Aに該当する数を2、3、4、・・・と順番に探していくと、判定したい数の平方根までに見つからなければ、その先で見つかることはありません。なぜなら、「判定したい数＝判定したい数の平方根×判定したい数の平方根」だからです。

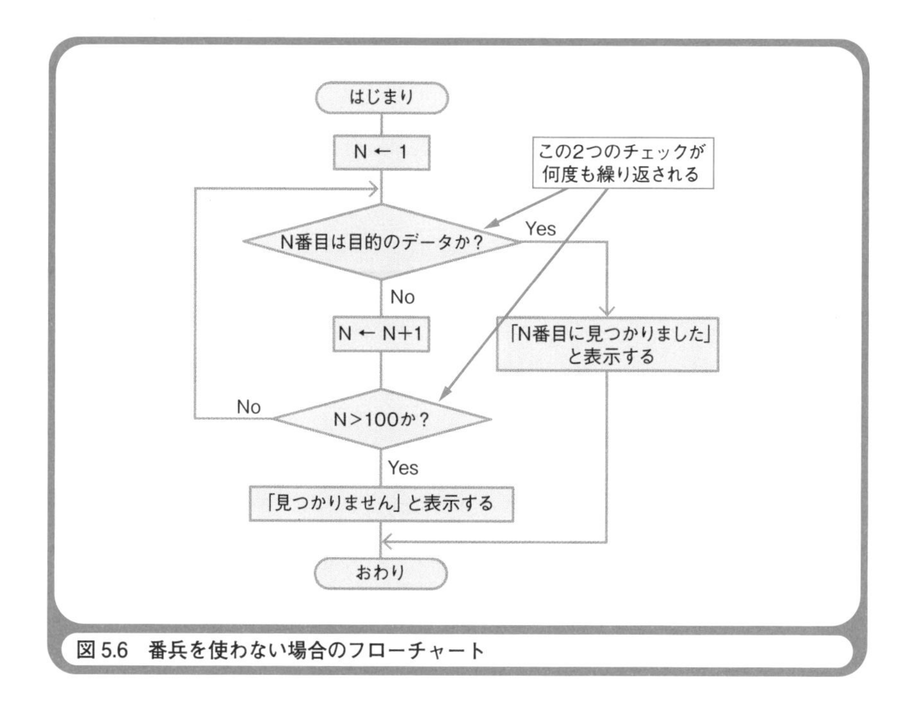

図5.6　番兵を使わない場合のフローチャート

毎回チェックしていることです。

この無駄を排除するためには、新たに101番目の箱を追加し、その中に探している目的の数値と同じ値を書いた紙を入れておきます。このようなデータのことを「番兵」と呼ぶのです。番兵を置くことで、目的のデータは必ず見つかることになります。データが見つかったときに箱の番号が101未満だったら実際のデータが見つかっています。箱の番号が101だったら、番兵を見つけたのであって、実際のデータは見つからなかったことになります。番兵を使った場合のフローチャートは、**図5.7**のようになります。何度も繰り返されるチェック処理が「N番目は目的のデータか？」だけになり、プログラムの実行時間が大幅に短縮されます。

筆者は、はじめて番兵の役割を知ったとき、その面白さに驚き、大いに感動しました。「面白さがわからない」という人のために、番兵のイメー

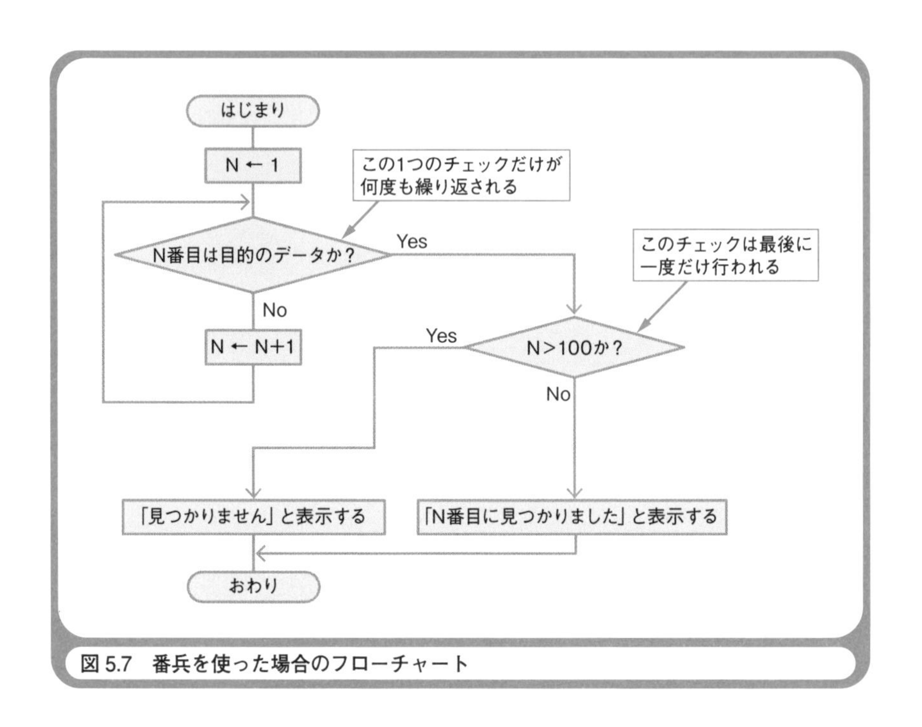

図 5.7　番兵を使った場合のフローチャート

ジを伝えるたとえ話をしましょう。真っ暗な夜に海岸の崖の上で危険なゲームをします（決して真似をしないでください）。皆さんが立っている場所から崖まで100mあります。1m間隔でさまざまな品物が置いてあります。その中にリンゴがあるかどうかを見つけてください。

皆さんは、1m進むごとに品物を取り上げ、リンゴかどうかをチェックします。それと同時に崖に達していないかどうかをチェックします（チェックしないと海に落ちてしまいます）。この2つのチェックが何度も繰り返されるわけです。

番兵を使う場合には、スタート位置を崖から101mにして、途中にリンゴを置くかどうかとは無関係に、崖の直前に必ずリンゴを置いておきます（**図5.8**）。このリンゴが番兵です。番兵を置いたことで、皆さんは必ずリンゴを見つけることになります。1m進むごとに行うチェックは、品物が

図 5.8　番兵を使った場合のゲーム

リンゴかどうかを調べるだけで済みます。リンゴが見つかったら、その時点で1回だけ一歩先をチェックします。まだ崖に達していないなら、目的のリンゴが見つかったのです。崖に達していた場合は、現在手にしているリンゴは番兵であり、目的のリンゴは見つからなかったことになります。

ポイント６：数値の法則性を見いだす

コンピュータの都合の１つに「あらゆる情報を数値で表す」ということがあります。このことから、アルゴリズムとして、数値の中にある法則性を利用する場合がよくあります。たとえば、じゃんけんの勝ち負けを判定するアルゴリズムを考えてみましょう。グー、チョキ、パーを0、1、2という数字で表すことにします。Aさんが出した手を表す変数 AとBさんの手を表す変数Bに、いずれかの数値が入っているとして、AとBの勝ち負けを判定してください。

何ら工夫のないアルゴリズムでは、**表5.2**のような3×3＝9通りの組み合わせを考えて勝ち負けを判定するでしょう。これをプログラムで表す

表 5.2　じゃんけんの勝ち負けの判定表

Aの値	Bの値	判定
0（グー）	0（グー）	あいこ
0（グー）	1（チョキ）	Aの勝ち
0（グー）	2（パー）	Bの勝ち
1（チョキ）	0（グー）	Bの勝ち
1（チョキ）	1（チョキ）	あいこ
1（チョキ）	2（パー）	Aの勝ち
2（パー）	0（グー）	Aの勝ち
2（パー）	1（チョキ）	Bの勝ち
2（パー）	2（パー）	あいこ

リスト 5.4　じゃんけんの勝ち負けを判定するプログラム（その 1）

```
if a == 0 and b == 0:
    print("あいこ")
elif a ==0  and b ==1:
    print("Aの勝ち")
elif a == 0 and b ==2:
    print("Bの勝ち")
elif a == 1 and b ==0:
    print("Bの勝ち")
elif a == 1 and b ==1:
    print("あいこ")
elif a == 1 and b ==2:
    print("Aの勝ち")
elif a == 2 and b ==0:
    print("Aの勝ち")
elif a == 2 and b ==1:
    print("Bの勝ち")
elif a == 2 and b ==2:
    print("あいこ")
```

と**リスト5.4**のようになります。長くて面倒な処理であることがわかりますね（リスト5.4とリスト5.5はプログラムの一部なので、そのままでは実行できません)。

ここでひと工夫してみましょう。表5.2をよく見て、Aの勝ち、Bの勝ち、あいこの3つの結果を簡単に判定するための数値の法則性を見つけてください。これにはちょっと慣れが必要かもしれませんが、以下の法則性があることがわかるはずです。

・ＡとＢが等しければ「あいこ」である
・Ａ＋１を３で割った余りがＢに等しければ「Ａの勝ち」である
・それ以外は「Ｂの勝ち」である

この法則性をプログラムで表すと、**リスト5.5**のようになります。何ら工夫のないリスト5.4に比べて、驚くほど短く単純な処理になっていることがわかるでしょう。もちろん、プログラムの実行速度も速くなります。

アルゴリズムとして数値の法則性を見出す必要があるのは、じゃんけんのようなゲーム・アプリケーションだけではありません。たとえば、給与計算を行う業務アプリケーションを作成する場合には、給与を計算するルールが数値の法則性だと言えます。「給与＝基本給＋残業手当＋通勤手当－源泉税」というルールを見出せたなら、問題を解く手順が明確で有限回ですから、立派なアルゴリズムです。

リスト5.5　じゃんけんの勝ち負けを判定するプログラム（その2）

```
if a == b:
    print("あいこ")
elif a == (b + 1) % 3:
    print("Bの勝ち")
else:
    print("Aの勝ち")
```

ポイント7：紙の上で手順を考える

最後に最も重要なポイントを説明します。それは「アルゴリズムを考えるときには、いきなりプログラムを打ち込むのではなく、まず紙の上に文書や図で手順を書いてみること」です。

フローチャートは、アルゴリズムを図示するのに便利なものですから大いに活用してください。フローチャートではなく、日本語の文書として手順を記述するのでもかまいません。とにかく紙の上に書くことが重要です。

紙の上でアルゴリズムが完成したら、具体的なデータを使って処理の流れを追い、正しい答えが得られることを確認してください。この場合には、暗算でも正しい結果が求められるような単純なデータを使うとよいでしょう。たとえば、ユークリッドの互除法の処理の流れを確認するなら、中学校で習った手順でも最大公約数が求められる2桁程度のデータを使うのです。もしも123456789と987654321のような大きな数値を使ったら、処理の流れを追うのは無理ですから。

☆　　　☆　　　☆

その昔、プログラマを目指す人なら必ず読むべきだと言われていた名著がありました。それは『アルゴリズム＋データ構造＝プログラム』(Niklaus Wirth著、片山卓也訳、日本コンピュータ協会 発行) というタイトルの本です。

この本をWebで探してみると「アルゴリズムとデータ構造」をタイトルに掲げた書籍が、あるわ、あるわ……数十冊ヒットしました。これらの本のタイトルに示されているように、実はアルゴリズムを知っているだけではプログラミングの知識として不十分なのです。アルゴリズムと一緒にデータ構造というものを考えなければなりません。次の第6章では、「データ構造」の説明をさせていただきます。どうぞお楽しみに！

第6章

データ構造と仲良くなる7つのポイント

ウォーミングアップ

本文を読む前に、ウォーミングアップとして以下のクイズに挑戦してください。

初級問題

プログラミングにおいて、変数とは何ですか？

中級問題

複数のデータが直線的に並べられたデータ構造を何と呼びますか？

上級問題

スタックとキューの違いは何ですか？

いかがだったでしょうか。改めて聞かれると、簡潔に答えられない問題もあったでしょう。答えと解説を以下に示しておきます。

初級問題：変数とは、データの入れ物です。

中級問題：「配列」と呼びます。

上級問題：スタックはLIFO形式で、キューはFIFO形式です。

解説

初級問題：変数は、データの入れ物であり、その中に格納した値を変更することができます。変数の実体は、変数のサイズで確保されたメモリー領域です。

中級問題：配列を使うと、大量のデータを効率的に処理できます。配列の実体は、特定のサイズのメモリー領域を連続的に確保したものです。

上級問題：LIFO＝Last In First Out（後入れ先出し）、FIFO＝First In First Out（先入れ先出し）という意味です。スタックとキューの仕組みは、本文で詳しく説明します。

プログラムは、現実世界の業務や遊びなどをコンピュータ上で実現するものです。そのためには、現実世界の処理の手順をコンピュータの都合に合わせてプログラムで表現する必要があります……ということで、第5章ではアルゴリズムを説明しました。この第6章のテーマは、データ構造です。現実世界のデータ構造をコンピュータの都合に合わせてプログラムで表現するわけです。

プログラムを作成する人は、アルゴリズム（処理の手順）とデータ構造（処理の対象となるデータの配置方法）の2つを一緒に考えなければなりません。アルゴリズムに見合ったデータ構造、データ構造に見合ったアルゴリズムが必要だからです。これから、データ構造の基本、覚えておくべき定番データ構造、定番データ構造をプログラムで表現する方法を順番に説明します。サンプル・プログラムはアルゴリズムとデータ構造を学ぶのに適したC言語で記述します。C言語をご存知でない人にもわかるように説明しますので、ご心配なく。なお、理解を容易にするためにプログラムは一部分だけを示し、エラー処理などは省略していることをご了承ください。

ポイント1：メモリーと変数の関係を知る

コンピュータが取り扱うデータは、メモリーと呼ばれるICの中に記憶されます。一般的なパソコンでは、メモリーの内部が8ビット（＝1バイト）ごとのデータ格納領域に区切られていて、それぞれの領域を区別するための番号が付けられています[*1]。この番号のことを「アドレス」または「番地」と呼びます。たとえば、4Gバイトのメモリーを装備したパソコンなら、0番地～4G番地（G＝10億）までのアドレスがあります。

アドレスを指定してプログラミングするのは面倒なので、C言語、Java、Pythonなどほとんどのプログラミング言語では、変数を使ってメモリーにデータを格納したり、メモリーからデータを読み出したりしま

＊1　第2章や第3章で取り上げたCOMETⅡでは、メモリーの内部が16ビットごとに区切られていましたが、一般的なパソコンでは8ビットに区切られています。

リスト6.1　変数aに123を代入するプログラム

```
char a;     /* 変数を宣言する */
a = 123;    /* 変数にデータを格納する */
```

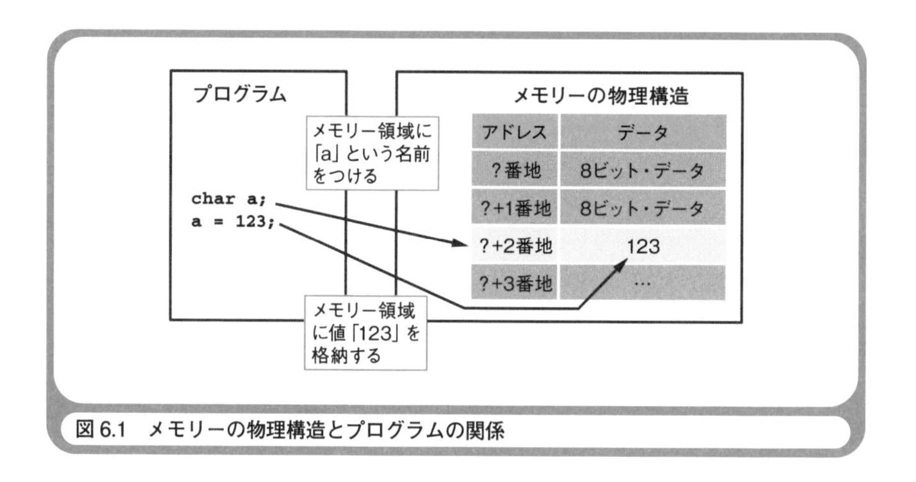

図6.1　メモリーの物理構造とプログラムの関係

す。**リスト6.1**は、変数aに123というデータを格納するC言語のプログラムです。C言語のコメントは、「/*」と「*/」で囲んで表します。

「変数を宣言する」とコメントされたchar a;の部分を見てみましょう。「char」はC言語のデータ型で、1バイトの整数[*2]を格納することを意味します。この行でメモリー領域を確保して、そこにaという名前を付けます。

プログラマは、変数aが何番地のメモリー領域になるのかを意識する必要がありません。プログラムの実行時にOSが、それまで未使用だったメモリー領域の一部を変数aのために割り当ててくれるからです。このように、1個の変数がプログラムにおけるデータの最小単位であり、それが物理的なメモリー領域に対応します（**図6.1**）。

まったくデータ構造というものを知らない人なら、単独で宣言された

＊2　char型は、character（文字）という意味で、主に文字を格納する型ですが、文字以外のデータでも使用できます。

いくつかの変数を書き並べてプログラムを作成するでしょう。それで目的どおりにプログラムが動作するなら問題ありません。しかし、複数のデータを並べ替えるようなアルゴリズムを実現するプログラムでは、ちょっと問題になります。

リスト6.2は、3つのデータをa、b、cという3つの変数に格納し、それらの値をa、b、cの順で降順（大きい順）に並べ替えるプログラムです。データを入れ替えるためにtmpという変数も利用しています。if文で変数それぞれの大小を比較して、値の入れ替えを実行しています。

リスト6.2　3つの変数に格納されたデータを降順に並べ替えるプログラム

```
/* 変数を宣言する */
char a, b, c, tmp;

/* 変数にデータを格納する */
a = 123;
b = 124;
c = 125;

/* 降順に並べ替える */
if (b > a){
    tmp = b;
    b = a;
    a = tmp;
}

if (c > a) {
    tmp = c;
    c = a;
    a = tmp;
}

if (c > b){
    tmp = c;
    c = b;
    b = tmp;
}
```

このリスト6.2は問題なく動作しますが、処理の手順（アルゴリズム）が何とも長たらしいものですね。もしもデータの数が1000個あったら、1000個の変数を宣言することになります。データの大小を比較するif文は、数十万くらい必要になります。そんな面倒なプログラムを書きたいと思う人などいないでしょう。言いかえれば、目的のアルゴリズムをプログラムで実現するために、単独の変数だけでは困難な場合があるのです。

ポイント2：データ構造の基本となる配列を知る

実用的なプログラムでは、大量のデータを取り扱うことがよくあります。たとえば、1000人の従業員の給与を合計するプログラムなどです。この場合には、1000個の変数を宣言して使うのではなく、「配列」を使うことになります。配列によって、複数の変数を同時に宣言するのと同じプログラムを効率的に作成できます。

先の例のように3つの変数a、b、cを宣言することは、要素数（データ数）3個の配列を1つ宣言することで置き換えられます。C言語のプログラムでは、配列の名前と要素数を指定して配列を宣言して使います（**リスト6.3**）。

配列は、複数のデータを格納するためのメモリー領域をまとめて確保し、全体に1つの名前を付けたものです。リスト6.3では、データ3個分のメモリー領域が確保され、全体にxという名前が付けられています。配

リスト6.3　要素数3個の配列を使うプログラム

```
char x[3];   /* 配列を宣言する */
x[0] = 123; /* 配列の0番目の要素にデータを格納する */
x[1] = 124; /* 配列の1番目の要素にデータを格納する */
x[2] = 125; /* 配列の2番目の要素にデータを格納する */
```

列内の個々のメモリー領域は、「[」と「]」の中に指定された番号（インデックスや添字（そえじ）と呼ぶ）で個別に取り扱えます。

```
char x[3];
```

で配列全体のメモリー領域を確保したら、個々のメモリー領域をx[0]、x[1]、x[2]で指定して読み書きできます。結果的に3つの変数x[0]、x[1]、x[2]を宣言したことになりますが、単独の変数a、b、cを使うより、並べ替えなどのアルゴリズムを実現するプログラムが効率的に記述できます。具体例を後で示します。

配列は、データ構造の基本だと言えます。なぜなら、配列がメモリーの物理構造そのものだからです。メモリーには、データを格納するための領域が連続的に並んでいます。プログラムは、メモリー全体の中から必要な領域を確保して使います。これをプログラムの構文で表すと配列になるのです（**図6.2**）。

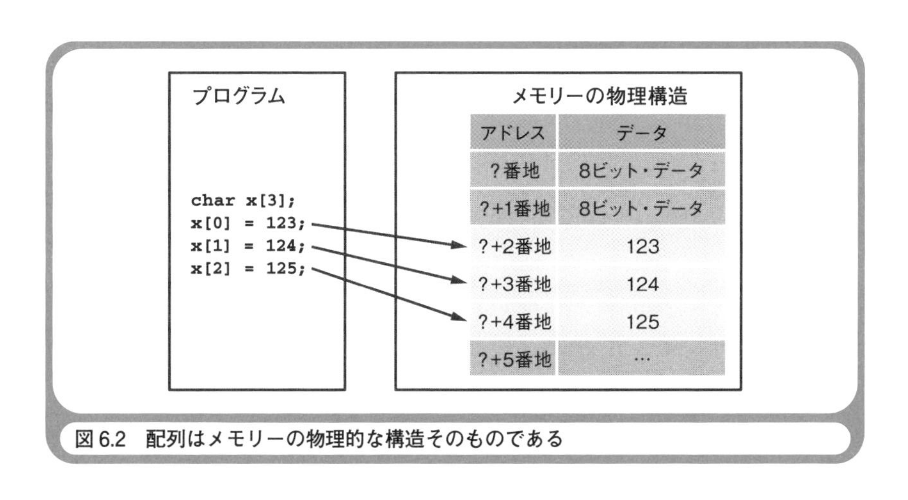

図6.2　配列はメモリーの物理的な構造そのものである

ポイント3：定番アルゴリズムで配列の使い方を知る

データ構造の基本である配列を使えば、大量のデータを処理するさまざまなアルゴリズムをプログラムで実現できます。**リスト6.4**は、第5章で紹介した「線形探索」と呼ばれる定番アルゴリズムを使って、配列xに格納された1000個のデータの中から777というデータを見つける（サーチする）プログラムです。ここでは、“番兵”は使っていません。

C言語では、配列の要素を先頭から末尾まで連続的に処理するためにfor文を使います。for文は、繰り返し処理を行う機能を提供します。配列とは別に変数iを宣言し、for文の後ろのカッコの中に、変数iを0～999まで（1000未満まで）1ずつインクリメント（増加）させる処理を記述します。これは、

```
for (i = 0; i < 1000; i++) {
```

の部分です。C言語では、「{」と「}」で囲んで、プログラムのブロック（意味のあるかたまり）を表します。これによって、for文のブロックの中に記述された777を見つけるif文のブロックの処理が、変数iの値の増加とともに最大で1000回繰り返されます。777が見つかった場合は、その時点で繰り返しが終了します。breakは、繰り返しを中断する命令です。

この変数iのように繰り返し回数をカウントする変数のことを「ループ・

リスト6.4　線形探索でデータを見つけるプログラム

```
for (i = 0; i < 1000; i++) {
    if (x[i] == 777) {
        print("%d番目に見つかりました！¥n", i);
        break;
    }
}
```

カウンタ(loop counter)」と呼びます。配列が便利なのは、ループ・カウンタの値と配列のインデックスを対応させて使えるからです(**図6.3**)。

今度は、「バブル・ソート」と呼ばれる定番アルゴリズムを使って、配列の中に格納された1000個のデータを昇順(小さい順)に並べ替えて(ソートして)みましょう。プログラムは、**リスト6.5**のようになります。昇順のバブル・ソートでは、配列の末尾から先頭まで隣り合った2つの要素の値を比較し、小さい方が前になるように交換することを繰り返します。

これまでに示したプログラムの流れを細かく追う必要はありません。配列とfor文を使うことで、線形探索やバブル・ソートのアルゴリズムを実現するプログラムが作成できることだけに注目してください。これから先

ループ・カウンタの値	処理される配列の要素
0	x[0](配列の先頭)
1	x[1]
2	x[2]
…	…
999	x[999](配列の末尾)

777を見つける

図6.3 ループ・カウンタと配列のインデックスを対応させる

リスト6.5 バブル・ソートでデータを並べ替えるプログラム

```
for (i = 0; i < 999; i++) {
    for (j = 999; j > i; j--) {
        if (x[j - 1] > x[j]) {
            temp = x[j];
            x[j] = x[j - 1];
            x[j - 1] = temp
        }
    }
}
```

に示すコードも、ざっと眺めてイメージをつかんでいただければOKです。

ポイント4：定番データ構造のイメージをつかむ

配列は、物理的なメモリーの構造（コンピュータの都合）をそのまま利用した最も基本的なデータ構造です。for文を使えば、配列に格納されたデータを連続的に処理でき、さまざまなアルゴリズムを実現できます。しかし、現実世界のデータ構造には、単なる配列では表現できないものもあります。データを山のように積み上げたり、データを行列のように並ばせたり、データの並び順を任意に変更したり、データの並べ方を2つに分けたりする場合などです。このようなデータ構造をプログラムで実現するには、配列を工夫して使わなければなりません。ただし、物理的なメモリーの構造まで変化させるわけにはいきません。どうすればよいのでしょう？

アルゴリズムに定番と呼べるものがあったように、データ構造にも先輩プログラマたちによって考案された定番があります（**表6.1**）。これらのデータ構造は、物理的なメモリーの構造（連続してデータが並んでいること）をプログラムによって論理的に変化させてしまうものです。順番に説明していきますので、定番データ構造のイメージをつかんでください。

「スタック（stack）」とは、「干草を積んだ山」という意味です（**図6.4**）。牧場で家畜に食べさせる干草は、地面に積み上げられて山となります。

表6.1　主なデータ構造

名称	データ構造の特徴
スタック	データを山のように積み上げる
キュー	データを行列のように並ばせる
リスト	データの並びを任意に変更できる
2分木	データの並びを二またに分ける

図6.4　スタックのイメージ

山を作るためには、干草を下から上に向かって積み上げていきます。この干草がプログラムにおけるデータに相当します。積み上げられたデータは、上から順に取り出されて家畜に与えられます。すなわち、積み上げた順序とは逆に使われるのです。これを「LIFO（Last In First Out、最後に格納されたデータが最初に取り出される）」形式と呼びます。プログラムの対象となるような現実世界の業務では、机の上に積み上げられた書類などがスタックで表せます。すぐには処理できないので、とりあえずスタックに積んでおくのです。

「キュー（queue）」は、「待ち行列」という意味です。現実世界の待ち行列には、駅や遊園地などの切符売場の窓口の前に並ぶ人の列があります（**図6.5**）。スタックとは逆で、最初に並んだ人が最初に切符を買えます。これを「FIFO（First In First Out、最初に格納されたデータが最初に取り出される）」形式と呼びます。すべてのデータを一気に処理できないような場合には、とりあえずキューに並ばせておくのです。後で説明しますが、キューのデータ構造は、配列の先頭と末尾をつなげた輪のようにして実現されるのが一般的です。

「リスト」のイメージは、何人かの人が手をつないで並んだ状態です（**図6.6**）。手のつなぎ方を変えれば、人（データ）の並び順を変更できます。

図 6.5　キューのイメージ

図 6.6　リストのイメージ

手を離して、その間に新しい人が入れば、データを挿入したことになります。

「2分木」のイメージは、その名が表す通り「木」です。ただし、自然界の木とはちょっと異なり、根から伸びた枝が必ず二またに分かれ、枝の分岐点に葉（データ）が1枚あります（**図6.7**）。後でわかりますが、2分木は、リストの特殊な形態です。

図6.7　２分木のイメージ

ポイント５：スタックとキューの実現方法を知る

スタックとキューは、すぐには処理できないデータを、とりあえず格納しておくという点で似ています。違いは、スタックはLIFO形式であり、キューはFIFO形式であることです。スタックとキューのイメージがわかったところで、それらをプログラムのデータ構造として表す方法を説明しましょう。同じ配列であっても、工夫次第でスタックにもキューにもなります。

スタックを実現するには、まずスタックのサイズ（スタックに格納できる最大データ数）を要素数とした配列と、スタックの最上部に格納されたデータのインデックスを表す変数を宣言します。この変数を「スタック・ポインタ」と呼びます。スタックのサイズは、プログラムの目的に応じて任意に決めます。「最大でも100個までデータが積めれば十分だろう」と想定されるなら、要素数100個の配列を宣言します。この配列がスタックの実体です。次に、スタックにデータを格納する（プッシュする）関数と、スタックからデータを取り出す（ポップする）関数を作成します。これらの関数の中には、スタックに格納されているデータの数やスタック・

リスト 6.6　配列、スタック・ポインタ、プッシュ関数とポップ関数

```
char Stack[100];        /* スタックの実体となる配列 */
char StackPointer = 0; /* スタック・ポインタ */

/* プッシュ関数 */
void Push(char Data) {
    /* スタック・ポインタが指すインデックスにデータを格納する */
    Stack[StackPointer] = Data;
    /* スタック・ポインタの値を更新する */
    StackPointer++;
}

/* ポップ関数 */
char Pop(){
    /* スタック・ポインタの値を更新する */
    Stackpointer--;
    /* スタック・ポインタが指すインデックスからデータを取り出す */
    return Stack[StackPointer];
}
```

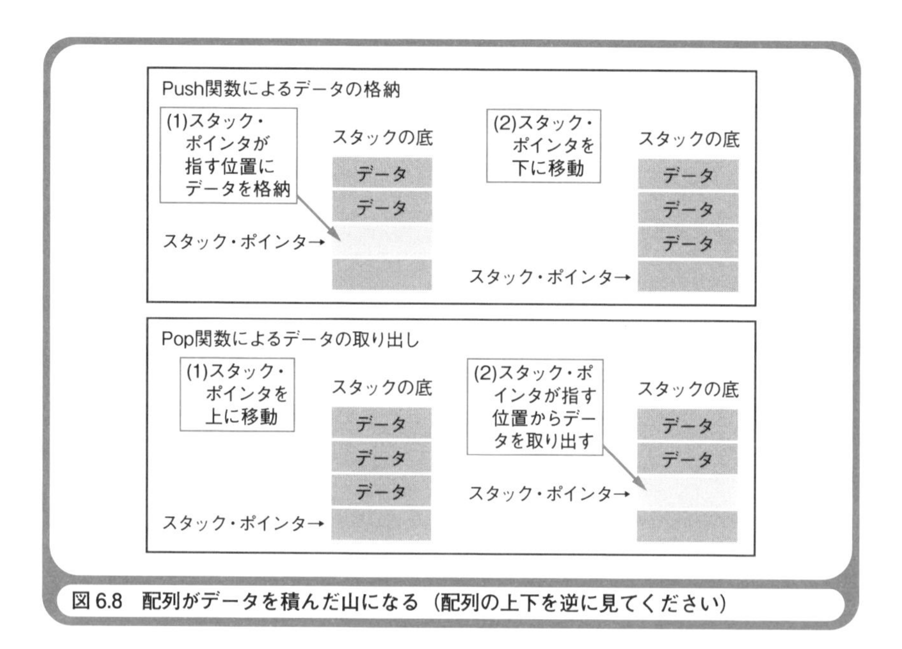

図 6.8　配列がデータを積んだ山になる（配列の上下を逆に見てください）

ポインタの値を更新する処理を記述します。すなわち配列、スタック・ポインタ、およびプッシュ関数とポップ関数のセットでスタックが実現されるのです（**リスト6.6、図6.8**）[*3]。

キューを実現するためには、任意のサイズの配列、キューの先頭のデー

リスト6.7　配列、2つの変数、2つの関数でキューが実現される

```
char Queue [100];    /* キューの実体となる配列 */
char SetIndex = 0;   /* 書き込み位置のインデックス *
char GetIndex = 0;   /* 読み出し位置のインデックス */

/* データを格納する関数 */
void set(char Data){
    /* データを格納する */
    Queue [SetIndex] = Data;
    /* 書き込み位置のインデックスを更新する */
    SetIndex++;
    /* 配列の末尾に達したら先頭に戻す */
    if (Set Index >= 100){
        SetIndex = 0;
    }
}

/* データを読み出す関数 */
char Get() {
    char Data;
    /* データを読み出す */
    Data = Queue[GetIndex];
    /* 読み出し位置のインデックスを更新する */
    GetIndex++; /*
    配列の末尾に達したら先頭に戻す */
    if (GetIndex >= 100){
        GetIndex = 0;
    /* 読み出したデータを返す */
    return Data;
}
```

＊3　リスト6.6では、プログラムをシンプルにするために、データが存在しないことのチェックと、データがあふれたことのチェックを省略しています。

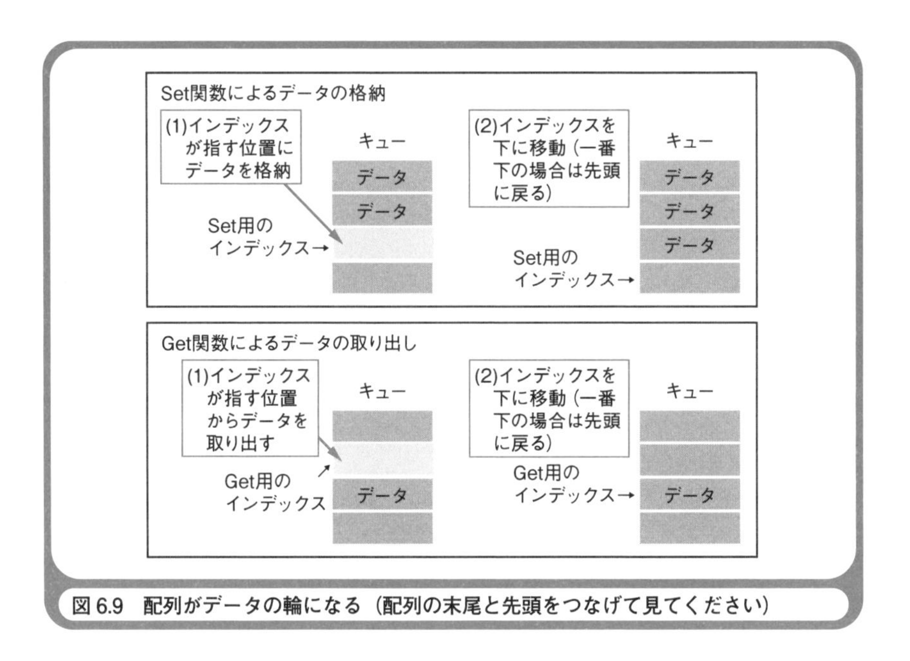

図 6.9　配列がデータの輪になる（配列の末尾と先頭をつなげて見てください）

タのインデックスを表す変数、キューの末尾のデータのインデックスを表す変数、およびキューにデータを格納する関数とキューからデータを取り出す関数のペアが必要になります。配列の末尾までデータを格納してしまったら、次の格納位置が配列の先頭に戻るようにします。これによって配列の末尾と先頭がつながるので、物理的には“直線”の配列が、論理的には“輪”になります（**リスト6.7**、**図6.9**）[*4]。

ポイント6：構造体の仕組みを知る

C言語のプログラムでリストと2分木を実現する方法を理解するには、「構造体(こうぞうたい)」の知識が必要となります。構造体とは、複数のデータを1つにまとめて名前を付けたものです。たとえば、学生の国語、

*4　リスト6.7では、プログラムをシンプルにするために、データが存在しないことのチェックと、データがあふれたことのチェックを省略しています。

リスト6.8 構造体は複数のデータをまとめたもの

```
struct TestKekka{
    char Kokugo;     /* 国語の点数 */
    char Sugaku;     /* 数学の点数 */
    char Eigo;       /* 英語の点数 */
};
```

リスト6.9 構造体の使い方

```
struct TestKekka sato; /* 構造体をデータ型とした変数を宣言する */
sato.Kokugo = 80;      /* Kokugoというメンバーに値を格納する */
sato.Sugaku = 90;      /* Sugakuというメンバーに値を格納する */
sato.Eigo = 100;       /* Eigoというメンバーに値を格納する */
```

数学、英語のテスト結果をまとめでTestKekkaという構造体を作ることができます。

リスト6.8は、TestKekkaという構造体を定義したものです。C言語の構造体は、structというキーワードに続けて構造体の名前（構造体のタグとも呼ばれる）を付け、その後を「{」と「}」のブロックにして、ブロックの中に複数のデータを並べます。

構造体を定義したなら、構造体をデータ型とした変数を宣言して使います。TestKekka構造体をデータ型とした変数sato（佐藤君）を宣言したなら、メモリー上にKokugo、Sugaku、Eigoの3つのデータを格納するための領域がまとめて確保されます。構造体にまとめられた個々のデータを「構造体のメンバー」と呼びます。構造体のメンバーに値を格納したり、値を読み出したりするには、「.」（ドット）を使ってsato.Kokugo（佐藤君の国語の点数）という構文を使います（**リスト6.9**）。

100人の学生のテスト結果を取り扱うプログラムを作るなら、TestKekkaをデータ型とした要素数100個の配列を宣言することになります。これによって、メモリー上にKokugo、Sugaku、Eigoの3つのデー

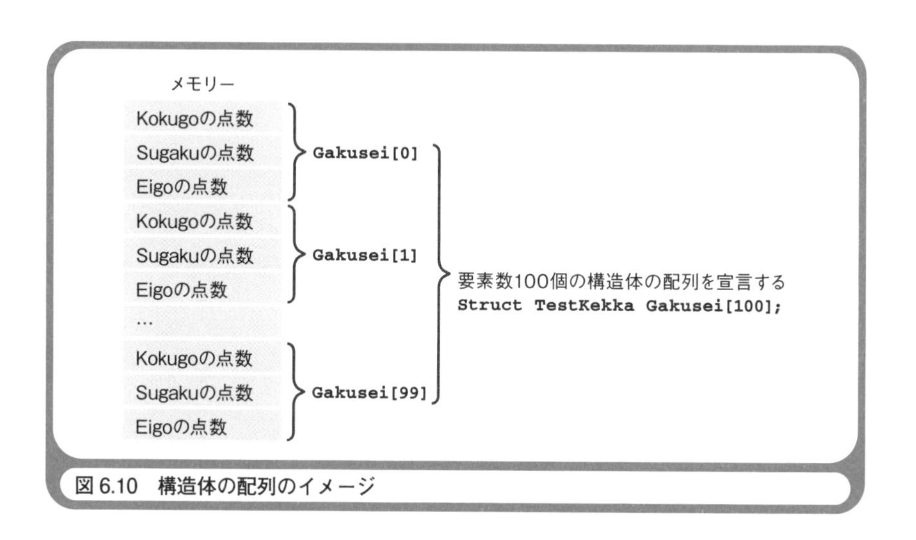

図6.10　構造体の配列のイメージ

タのセットを100個格納する領域が確保されます（**図6.10**）。このような構造体の配列を工夫して使うと、リストや2分木を実現することができるのです。

ポイント7：リストと2分木の実現方法を知る

構造体の配列を使ってリストを実現する方法を説明しましょう。リストは、配列の個々の要素が他の要素と手をつないだようなものです。現状のTestKekka構造体をデータ型とした配列Gakusei[100]に、手をつなぐためのメンバーを追加してみましょう（**リスト6.10**）。

TestKekka構造体のメンバーとして

```
struct TestKekka *Ptr;
```

が追加されていることに注目してください。構文の詳細な説明はしませんが、このメンバーPtrには、配列の他の要素のアドレスが格納されます。C言語では、アドレスのことを「ポインタ」と呼びます。「*」（アスタリスク）

リスト6.10 他の要素へのポインタを持つ自己参照構造体

```
struct TestKekka {
    char Kokugo;                /* 国語の点数 */
    char Sugaku;                /* 数学の点数 */
    char Eigo;                  /* 英語の点数 */
    struct TestKekka *Ptr;      /* 他の要素へのポインタ */
};
```

は、ポインタを表します。Ptrのデータ型が、TestKekka構造体のポインタ(struct TestKekka *Ptr)になっていることに注目してください。このような構造体を特に「自己参照構造体」と呼びます。TestKekka構造体のメンバーに、TestKekka構造体のポインタをデータ型としたものがあるからです。自分と同じデータ型を参照しているのです。

自己参照構造体となったTestKekkaの配列の個々の要素には、1人の学生の国語、数学、英語の点数、およびその要素が、次にどの要素につながるかという情報(次の要素のアドレス) Ptrがあります。初期状態では、メモリーに並んでいるのと同じ状態でPtrの値が設定されます(**図6.11**)。

さて、ここからがリストの面白いところです。配列の要素のつながり情報を持ったPtrの値を入れ替えると、メモリー上の物理的な並び順とは異なる順序で要素を並べ替えることができるのです。配列の先頭の要素のPtrの値をC番地にして、配列の3つ目の要素のPtrの値をB番地にしてみましょう。これで、A→B→Cという順序が、A→C→Bに変わりました(**図6.12**)。

リストがなぜ便利なのかわかりますか? もしも、リストを使わないで大量のデータの並べ替えを行う場合には、どうなるかを考えてください。要素のメモリー上の物理的な順序を並べ替える必要があります。大量のデータを入れ替えることになり、プログラムの処理時間が長くなります。

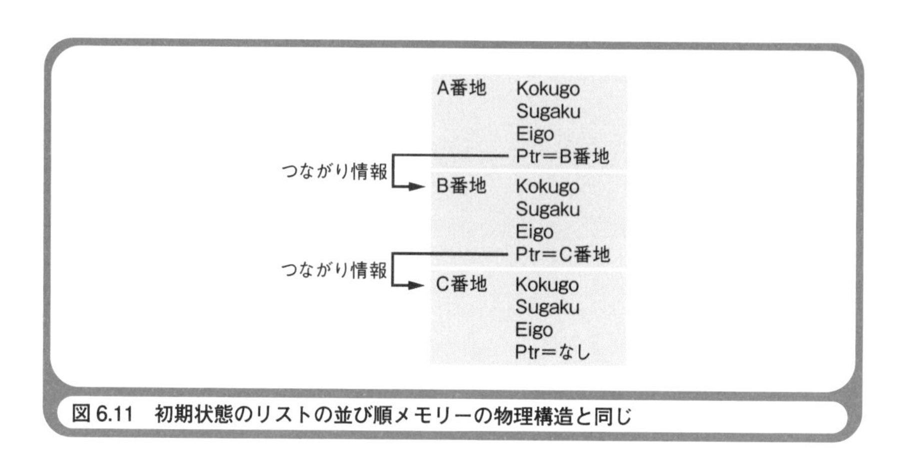

図 6.11　初期状態のリストの並び順メモリーの物理構造と同じ

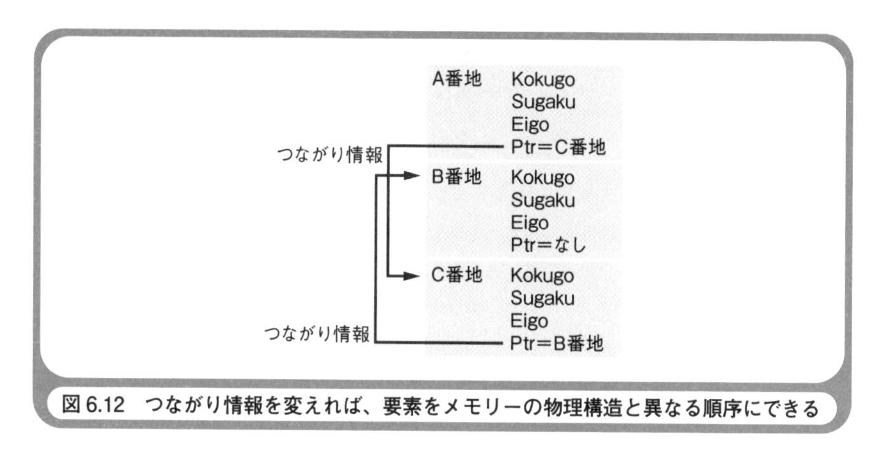

図 6.12　つながり情報を変えれば、要素をメモリーの物理構造と異なる順序にできる

リストを使えば、要素の並べ替えはPtrの値の変更だけになり、プログラムの処理時間が短くなります。これは、要素の削除や追加を行うプログラムでも同じです。大量のデータを取り扱うプログラムでは、さまざまな場面でリストが活用されます。リストを使わない方がめずらしいぐらいです。

リストの仕組みがわかれば、2分木を実現する方法もわかるでしょう。つながり情報のメンバーを2つ持った自己参照構造体にすればよいので

リスト6.11　リストのつながり情報を2つ持った自己参照構造体

```
struct Testkekka{
    char Kokugo;                /* 国語の点数 */
    char Sugaku;                /* 数学の点数 */
    char Eigo;                  /* 英語の点数 */
    struct Testrekka* Ptr1; /* 他の要素へのポインタ1 */
    struct TestKekka* Ptr2; /* 他の要素へのポインタ2 */
};
```

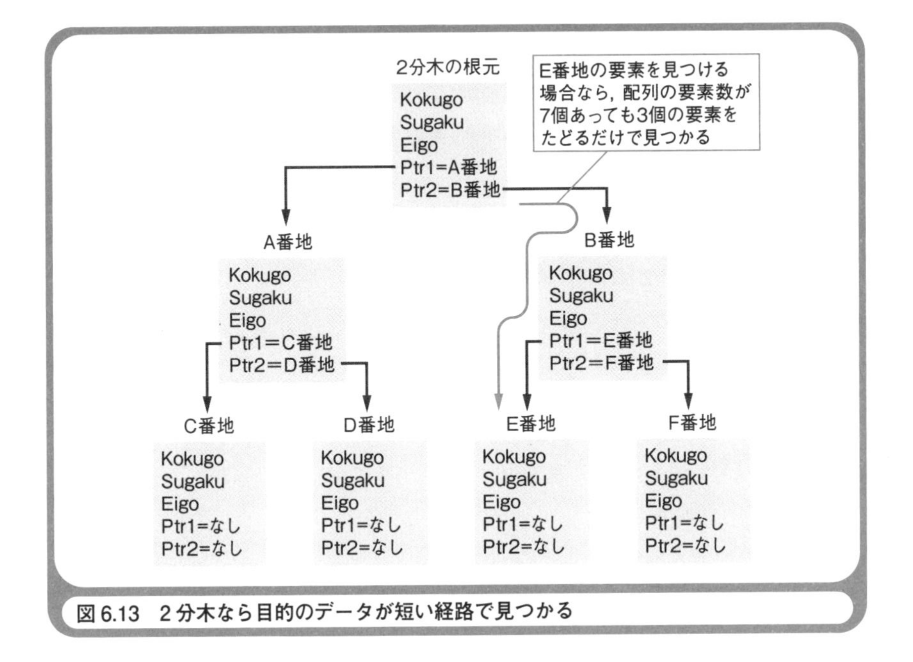

図6.13　2分木なら目的のデータが短い経路で見つかる

す（**リスト6.11**）。

2分木は、「2分探索木」と呼ばれる形式でよく使われます。配列やリストを使うより2分探索木を使った方が、データが効率的に見つかります。2分木の2つに分かれた経路を追えば、目的のデータに短い経路でたどり着くからです（**図6.13**）。

構造体、ポインタ、自己参照構造体は、C言語の解説書で最後に学習することです。これらは、C言語の構文の中で最も難解であると言われています。皆さんは、そこまで一気にイメージをつかんでしてしまったわけです。もしも皆さんに得意なプログラミング言語があるなら、それを使ってスタック、キュー、リスト、2分木を実現する方法を考えてください。どのプログラミング言語でも、データ構造の基本は配列です。それを工夫して使うことがポイントです。

☆　　　☆　　　☆

第5章と第6章で、アルゴリズムとデータ構造の基礎は卒業です。さまざまなポイントを説明してきましたが、最後に1つだけ注意させていただきます。それは、たとえ賢い学者が考え出したような素晴らしいアルゴリズムとデータ構造があったとしても、それらに100%頼ることなく、常に皆さん自身でアルゴリズムとデータ構造を考えてほしいということです。定番アルゴリズムと定番データ構造を知ったなら、それらを応用する気持ちを忘れないでください。定番を応用できれば、それは皆さん自身の立派なオリジナルです。オリジナルを作り出せるのが、本当の技術者です。

次の第7章では、さまざまな角度から「オブジェクト指向プログラミングとは何か」を説明します。どうぞお楽しみに！

第7章

オブジェクト指向プログラミングを語れるようになろう

ウォーミングアップ

本文を読む前に、ウォーミングアップとして以下のクイズに挑戦してください。

初級問題

オブジェクトを日本語に訳すと何ですか？

中級問題

OOPは何の略語ですか？

上級問題

C言語にOOPの機能を追加したプログラミング言語は何ですか？

いかがだったでしょうか。改めて聞かれると、簡潔に答えられない問題もあったでしょう。答えと解説を以下に示しておきます。

初級問題：オブジェクトを日本語に訳すと「物」です。

中級問題：OOPはObject Oriented Programming（オブジェクト指向プログラミング）の略語です。

上級問題：C++（シー・プラス・プラス）です。

解説

初級問題：オブジェクト（object）は、「物」という意味の一般用語です。

中級問題：オブジェクト指向をOO（Object Oriented）と略称することもあります。

上級問題：++はインクリメント（値を1だけ追加すること）を表すC言語の演算子です。C言語にOOPの機能を追加したので、C++と命名されました。なお、C++をベースに開発されたプログラミング言語として、Java（ジャバ）およびC#（シー・シャープ）があります。

この章のポイント

この章では、皆さんにオブジェクト指向プログラミングとは 何かを理解していただきます。オブジェクト指向プログラミングには、さまざまなとらえ方があります。プログラマによって、オブジェクト指向プログラミングに対する意見がさまざまに異なるのです。ここでは、これまでに筆者が出会ってきた何人かのプログラマの意見をまとめて紹介します。さまざまな意見を知ったうえで、皆さん自身の意見を持ってください。この章を読み終わったら、ぜひお友達や先輩とオブジェクト指向プログラミングをテーマにディスカッションしてください。

オブジェクト指向プログラミングとは？

オブジェクト指向プログラミング(OOP＝Object Oriented Programming)は、プログラムの開発手法の一種です。オブジェクト指向プログラミングは、大規模なプログラムの開発を効率化し、さらに保守を容易にすることを目的としています[*1]。そのため、企業の特にマネージャ層の人たちは、オブジェクト指向プログラミングによる開発に熱心です。プログラムを効率的に開発でき保守が容易なら、コスト(開発費＋保守費)を大幅に削減できるからです。マネージャたちは、その実体が何だかわからなくても「オブジェクト指向プログラミングはいいものだ」と信じているわけです。

ところが開発の現場では、オブジェクト指向プログラミングは敬遠されがちです。新たに学習しなければならないことが多く、また学習で得た知識でがんじがらめになってしまい、思うように開発できないからです。筆者の執筆経験では、オブジェクト指向でないプログラミング言語の解説書が1冊で済むなら、オブジェクト指向のプログラミング言語の解説書は2冊になります。はっきり言ってオブジェクト指向プログラミング

＊1　ここで言う保守とは、プログラムの機能を変更したり、拡張したりすることです。

の学習は“面倒臭い”わけです。

こんな状況ではありますが、あえてオブジェクト指向プログラミングの説明をさせていただきます。現在、主流となっているプログラミング言語や開発環境では、オブジェクト指向プログラミングの知識が必須だからです。これまでオブジェクト指向プログラミングを敬遠していたプログラマも、いよいよ重い腰を上げなければいけません。もはやプログラマに逃げ道はないのです。

オブジェクト指向プログラミングをマスターするのに時間がかかるのは事実です。まずは、この章を読んで「オブジェクト指向プログラミングとは何か」を語れるぐらいの知識を持ちましょう。そのうえで、オブジェクト指向プログラミングを実践するための地道な学習をはじめてください。

OOPに対するさまざまなとらえ方

コンピュータの用語辞典では、オブジェクト指向プログラミングを以下のように説明することが多いようです。

> 対象（オブジェクト）そのものに重点をおき、対象の振る舞いや操作が、対象の属性として備わるという考え方に基づいてプログラミングすること。プログラムの再利用が容易になり、ソフトウエアの生産性を高められる。主なプログラミング・テクニックには、継承、カプセル化、多態性の３つがある。

用語の説明としては十分だと思いますが、これだけでオブジェクト指向プログラミングを理解するのは無理でしょう。

「オブジェクト指向プログラミングとは何ですか？」と10人のプログラマに聞けば、おそらく10通りの答えが返ってきます。ちょっと妙なたとえ話かもしれませんが、複数の人がハリネズミの実体を見ないで、手探

図7.1　オブジェクト指向プログラミングとは何ですか？

りでそれを触ってみたら、ある人は背中に触って「トゲトゲしているからタワシのようなもの」だといい、またある人はしっぽに触って「細長いからひものようなもの」だと言うでしょう（**図7.1**）。これと同様にオブジェクト指向プログラミングも、プログラマによってさまざまなとらえ方があるのです。

どのとらえ方が正しいか？　実際のプログラミングで実践できるなら、どれでも正解でしょう。皆さんも、ご自身のとらえ方でオブジェクト指向プログラミングを実践すればよいのです。とはいえ、一部のとらえ方を知っているだけでは、全体像がつかめずモヤモヤした気持ちになってしまいますね。そこで、さまざまなとらえ方をする人たちの意見を知ることで、オブジェクト指向プログラミングの全体像を把握していきましょう。

意見１：部品を組み合わせてプログラムを構築することだ

オブジェクト指向プログラミングでは、「クラス」というものが使われます。複数のクラスを組み合わせて1つのプログラムを構築します。このことから、クラスはプログラムの「部品（コンポーネント）」だと言えます。オブジェクト指向プログラミングでは、クラスを使いこなせるかどうかが重要なポイントになります。

クラスが何であるかを説明しましょう。第1章で、どのような開発手法でプログラムを作ったとしても、プログラムの内容が最終的に数値の羅列のマシン語になり、個々の数値は「命令」または命令の対象となる「データ」のいずれかを表していることを示しました。プログラムとは、しょせん命令とデータの集合体なのです。

オブジェクト指向言語（オブジェクト指向プログラミングのための言語）ではないC言語を使ってプログラミングする場合は、命令を「関数」で表し、データを「変数」で表します。C言語を使うプログラマにとって、プログラムとは関数と変数の集合体なのです。関数と変数には、Kansu()やHensuのような名前を付けます（**リスト7.1**）。

大規模なプログラムでは、プログラムに必要とされる関数と変数の数が膨大なものとなります。もしも10000個の関数と20000個の変数から構成されたプログラムを作るとしたら、ゴチャゴチャになって驚くほど開発効率が悪く、保守が困難なものとなってしまうでしょう。

そこで、プログラムの中に、関係のある関数と変数をまとめたグループを作る方法が考案されました。このグループがすなわちクラスです。

リスト7.1　プログラムとは関数と変数の集合体である（C言語）

```
int Hensu1;
int Hensu2;     変数
int Hensu3;
…
int Kansu1(int a) { 処理内容 }
int Kansu2(int b) { 処理内容 }   関数
int Kansu3(int c) { 処理内容 }
…
```

リスト 7.2　関数と変数をグループ化して MyClass を定義する（C++）

```
class MyClass ――――――― クラス名
{
    int Hensu1;
    int Hensu2;
    …                                    クラスのメンバー
    int Kansu1(int a) { 処理内容 }         （変数と関数）
    int Kansu2(int b) { 処理内容 }
    …
};
```

C++、Java、C#などのオブジェクト指向言語には、言語構文としてクラスを定義する機能があります。クラスには、MyClassのような名前を付けます（**リスト7.2**）。関係のある変数と関数をまとめたクラスは、特定の役割を担うプログラムの部品になるのです。クラスにまとめられた関数と変数を「メンバー」と総称します。

C言語にオブジェクト指向プログラミングための言語構文を追加する形でC++が開発されました。C++をベースとしてJavaとC#が開発されました。この章の中では、C言語、C++、Javaのサンプル・プログラムを紹介します。プログラムの内容を理解する必要はありません。雰囲気だけをつかんでください。

意見２：開発効率と保守性を向上するものだ

プログラムを構成するすべてのクラスを、プログラマが手作りしなければならないわけではありません。オブジェクト指向言語には、さまざまなプログラムから利用できる数多くのクラスが添付されています。このようなクラス群（部品群）のことを「クラスライブラリ」と呼びます。クラスライブラリを利用することで、プログラミングを効率化できます。さらに、自分で作ったクラスを別のプログラムで再利用できれば、ますます効率的になります。

企業向けのプログラムというものは、運用開始後に機能変更や機能拡張などの保守が要求されるものです。クラスを組み合わせて構築されたプログラムなら、保守作業が容易にできます。なぜなら、保守の対象となる関数と変数が、クラスというグループにまとめられているからです。たとえば、従業員の給与管理を行うプログラムを作ったとしましょう。給与の計算ルールの変更にともないプログラムを修正するとしたら、手直しする必要のある関数と変数はKeisanClassのような名前のクラスにまとめられているはずです（**図7.2**）。すべてのクラスを見直す必要はなく、KeisanClassだけを修正すればよいのです。保守性に関しては、第12章でも説明します。

オブジェクト指向プログラミングを実践するには「私はクラスを作る人、あなたはクラスを使う人」という感覚が必要になります。開発チーム全員がプログラムの隅から隅までを把握する必要はありません。部品（クラス）を作るだけの人もいれば、部品を使うだけの人もいるのです。もちろん両者を兼務する場合もあります。一部の部品の作成を協力会社に委託することもできます。市販の部品を買ってきて使うこともできます。

クラスを作る側になったプログラマは、プログラムの開発効率と保守

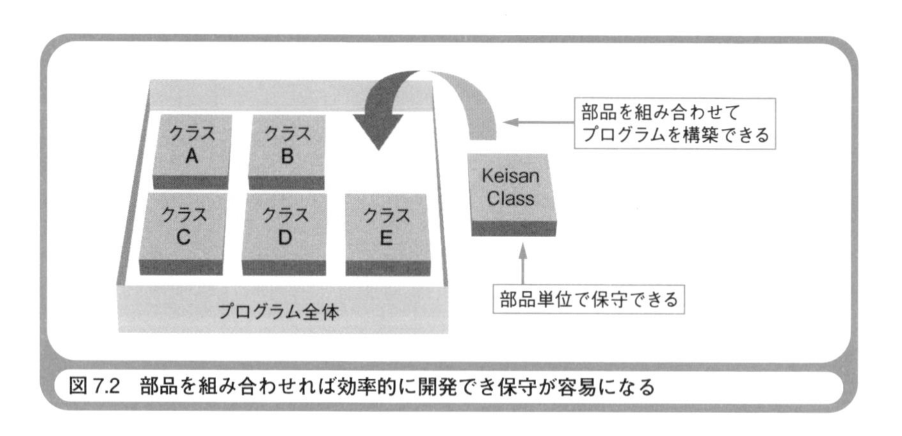

図7.2　部品を組み合わせれば効率的に開発でき保守が容易になる

性を考慮して何をクラスにすればよいかを決めます。1つのクラスを修正したら、他のクラスの修正も必要になってしまうようではいけません。自動車や家電品などの工業製品で使われている部品のように、たとえ不具合があっても容易に交換可能な部品としなければなりません。

機能アップした新しい部品と交換できるようにしておく必要もあります。そのためには、クラスの仕様を取り決めておけばよいのです。クラスという部品を使う人にとって、クラスがどのように見えるかという仕様のことを「インタフェース」と呼ぶことを覚えておいてください。たとえば、協力会社にインタフェースを知らせれば、プログラムの他の部分と確実につながるクラスを作ってもらえます。オブジェクト指向言語の多くには、インタフェースを定義するための構文が用意されています。

意見３：大規模なプログラムに適した開発手法だ

これまでの説明で、オブジェクト指向プログラミングが大規模なプログラムの作成に適している理由もわかったでしょう。10000個の関数と20000個の変数を必要とするプログラムを100個のクラスでグループ化したら、クラス1個あたりの関数は100個程度で変数は200個程度となります。プログラムの複雑さが100分の1程度に軽減されたことになります。後で説明するカプセル化という機能を使えば、さらに複雑さを軽減できます。

オブジェクト指向プログラミングを解説した書籍や雑誌記事などでは、ページ数の都合から大規模なサンプル・プログラムを掲載できません。短いプログラムでオブジェクト指向プログラミングのメリットを伝えることには無理があります。読者となる皆さんは、常に大規模なプログラムをイメージしながら解説を読むようにしてください。もちろん、本書でも同様です。

コンピュータを取り巻く技術は、コンピュータを人間に近づけ、より使いやすいものとするために進歩しています。人間の感覚では、大きな物は部品を組み合わせて作成されます。それと同じことをコンピュータで行うオブジェクト指向プログラミングは、人間らしく進歩した開発手法だと言えます。

意見4：現実世界のモデリングを行うことだ

プログラムは、現実世界の業務や遊びをコンピュータ上で実現するものです。コンピュータ自体に特定の用途があるわけではありません。プログラムによってコンピュータを任意の用途で使うのです。オブジェクト指向プログラミングでは、プログラムに置き換える現実世界を「どのような物（オブジェクト）から構成されているか」という観点で分析します。この分析作業のことを「モデリング」と呼びます。モデリングは、開発者にとって現実世界がどのように見えるかという世界観を表すものだと言えるでしょう。

実際のモデリングの作業では、「部品化」と「省略化」を行うことになります。部品化とは、現実世界を複数のオブジェクトの集合体として分割することです。現実世界を100%プログラムに置き換える必要はないはずなので、一部を省略化することになります。たとえば、旅客機をモデリングするとしましょう。胴体、主翼、尾翼、エンジン、車輪、客席など

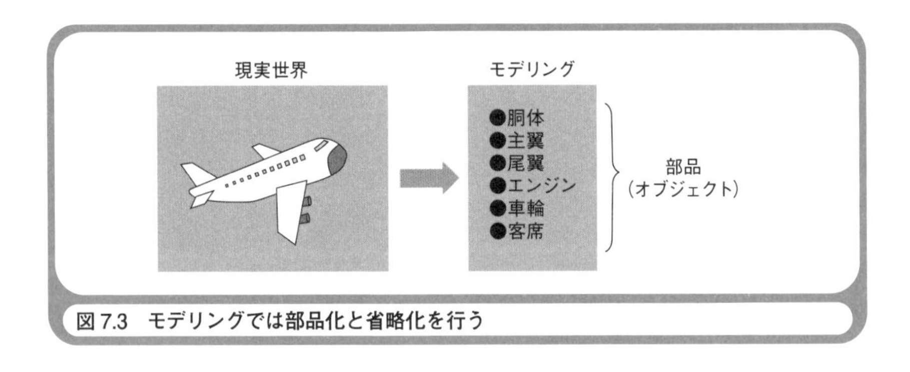

図7.3　モデリングでは部品化と省略化を行う

を部品化できます（**図7.3**）。トイレという部品が不要なら省略します。モデリングという言葉からプラモデルを想像してください。旅客機のプラモデルには多くの部品がありますが、プラモデルとして必要のないトイレは省略されているでしょう。

意見５：UMLでプログラムを設計することだ

オブジェクト指向のモデリングは、オブジェクト指向プログラミングのための設計だと言えます。現実世界のモデリング結果を図示するために、UML（Unified Modeling Language、統一モデリング言語）という表記方法がよく使われます。かつて存在したさまざまな表記方法を統一することでUMLが考案されたため、事実上UMLがモデリングの表記方法の世界標準となっています。

UMLでは、複数の図（ダイアグラム）が規定されています（**表7.1**）。図の種類が多いのは、現実世界をさまざまな視点でモデリングした結果を

表7.1　UMLで規定されている主な図の種類

名称	主な用途
ユースケース図 (use case diagram)	プログラムの使われ方を示す
クラス図 (class diagram)	クラスおよび複数クラスの関連を示す
オブジェクト図 (object diagram)	オブジェクトおよび複数オブジェクトの関連を示す
シーケンス図 (sequence diagram)	複数オブジェクトの関連を時間に注目して示す
コミュニケーション図 (communication diagram)	複数オブジェクトの関連を協調関係に注目して示す
ステートマシン図 (state machine diagram)	オブジェクトの状態変化を示す
アクティビティ図 (activity diagram)	処理の流れを示す
コンポーネント図 (component diagram)	ファイルおよび複数ファイルの関連を示す
デプロイメント図 (deployment diagram)	コンピュータやプログラムの配置方法を示す

示すためです。たとえば、ユースケース図は、ユーザーの視点（プログラムの使われ方）でモデリングした結果を図示するものです。クラス図やシーケンス図などは、プログラマの視点です。

UMLは、モデリングの表記方法を規定しているだけであり、オブジェクト指向プログラミング専用というものではありません。会社の組織図や業務フローなどをUMLで表記することもできます。

「図の種類が多くて、覚えるのが面倒だ」と思ってしまう人もいるでしょう。プラス発想で考えてください。オブジェクト指向プログラミングの設計図としてUMLが広く使われているなら、UMLの主な図の種類と役割がわかれば、オブジェクト指向プログラミングの考え方を一通り網羅して理解できるのです。こう考えれば、UMLを学習する意欲が湧いてくるはずです。

図7.4は、UMLのクラス図の例です。このクラスは、前のリスト7.2に示したMyClassクラスを表したものです。四角形を3つの領域に分け、上段にクラス名を書き、中段に変数（UMLでは「属性」と呼ぶ）を列挙し、下段に関数(UMLでは「振る舞い」や「操作」と呼ぶ)を列挙します。

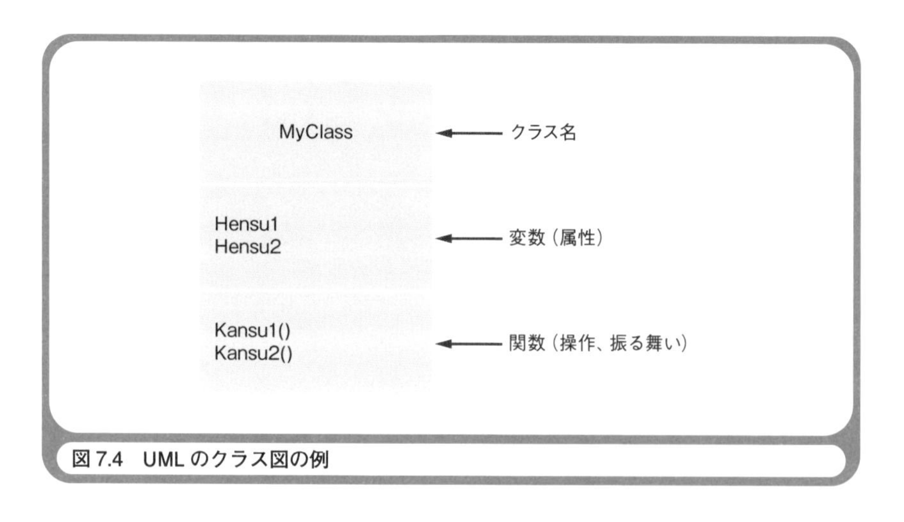

図7.4　UMLのクラス図の例

オブジェクト指向プログラミングのための設計では、バラバラになった関数と変数を後からクラスにグループ化するのではありません。最初に必要な数だけクラスを決め、後から個々のクラスが持つべき関数と変数を列挙していくのです。すなわち、プログラムの対象となる現実世界を見て「どのような物（クラス）から構成されているのか」と考えるのです。このように、物に注目しているからObject Oriented Programming（Oriented＝注目した）と呼ぶわけです。従来の開発手法ではプログラムが「どのような機能とデータから構成されるべきか」と考え、いきなり関数と変数を決める設計をしていたはずです。オブジェクト指向プログラミングでは、真っ先にクラスというグループを決めてしまうのですから、必然的にプログラムを構成する関数と変数が整理されます。

意見６：オブジェクト間のメッセージ・パッシングでプログラムが動作するものだ

プレイヤーＡとプレイヤーＢがじゃんけんをして、その勝敗をジャッジが判定するプログラムを作るとしましょう。オブジェクト指向言語ではないC言語でプログラムを記述すると、**リスト7.3**のようになります。オブジェクト指向言語であるC++では、**リスト7.4**のようになります。どこが違うかわかりますか？

C言語の場合は、GetHand()とGetWinner()という単独の関数が使われているだけです。それに対してC++の場合は、オブジェクトが関数を持っているので、PlayerA.GetHand()（PlayerAオブジェクトが持つGetHand()関数）という表現が使われます。

すなわち、C++などのオブジェクト指向言語でプログラムを作成すると、オブジェクトが他のオブジェクトの持つ関数を呼び出すことでプログラムが動作していくことになります。これをオブジェクト間の「メッセージ・パッシング」と呼びます。プログラミング言語におけるメッセージ・

リスト7.3　オブジェクト指向言語でない場合（C言語）

```
/* プレイヤーAが手を決める */
a = GetHand();

/* プレイヤーBが手を決める */
b = GetHand ();

/* 勝敗を判定する */
winner = GetWinner(a, b);
```

リスト7.4　オブジェクト指向言語の場合（C++）

```
// プレイヤーAが手を決める
a = PlayerA.GetHand();

// プレイヤーBが手を決める
b = PlayerB.GetHand();

// ジャッジが勝敗を判定する
winner = Judge.Getwinner(a, b);
```

パッシングは、オブジェクトの持つ関数を呼び出すことにほかなりません。現実世界でも、物と物のメッセージ・パッシングで業務や遊びが進行しているはずです。オブジェクト指向プログラミングでは、それをプログラムで表現できるのです。

オブジェクト指向言語でない場合は、多くの場合にプログラムの動作を「フローチャート（流れ図）」で表します。それに対して、オブジェクト指向言語では、プログラムの動作をUML の「シーケンス図」や「コミュニケーション図」で表します。

図7.5は、フローチャートとシーケンス図を比較したものです。フローチャートに関しては、すでに何度が示してきましたので、説明するまでもないでしょう。このフローチャートには、関数が呼び出される順序が示されています。シーケンス図では、四角形で表したオブジェクトを横

方向に並べます。図の上から下に向かって時間が流れ、オブジェクト間のメッセージ・パッシングを矢印で表します。このシーケンス図には、オブジェクト間のメッセージ・パッシングの順序が示されています。

手続き型プログラミングにドップリ漬かってきたプログラマは、フローチャートでプログラムの動作を考えることに慣れているはずです。オブジェクト指向プログラミングを実践するためには、シーケンス図でプログラムの動作を考えることも必要になります。

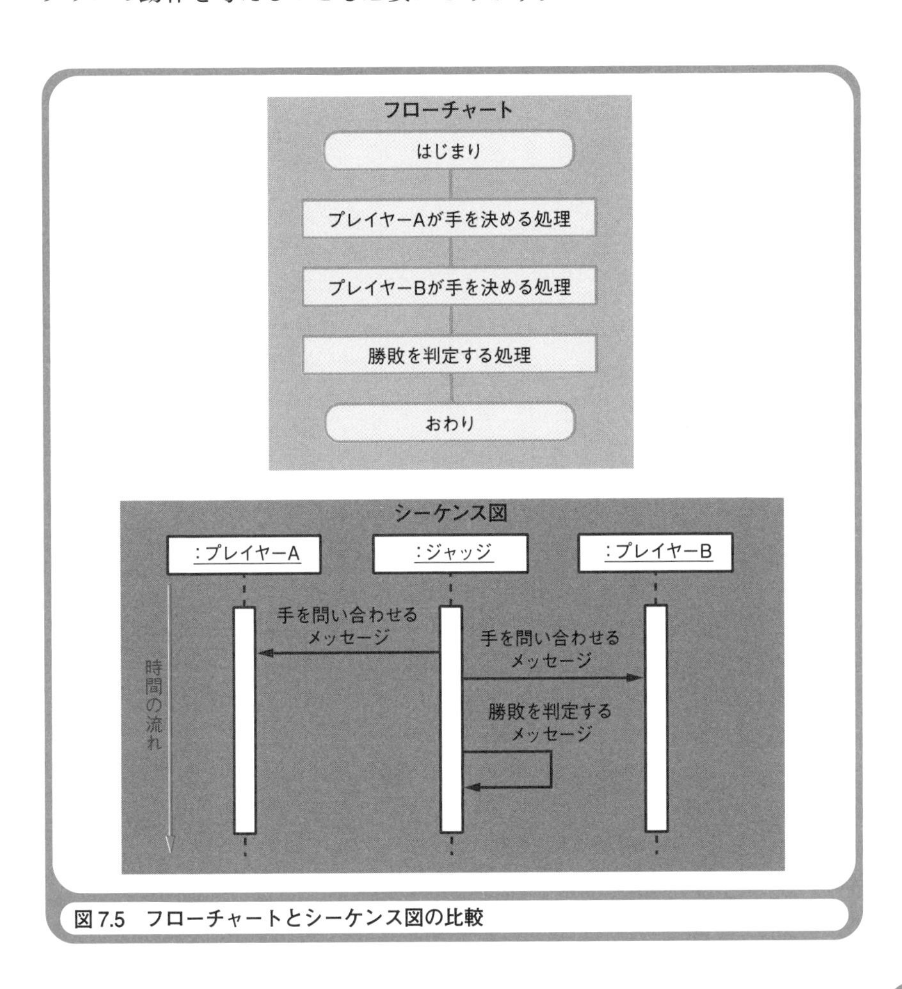

図7.5　フローチャートとシーケンス図の比較

意見７：継承、カプセル化、多態性を使うことだ

「継承(inheritance)」「カプセル化(encapsulation)」「多態性(polymorphism、多様性や多義性とも呼ばれる)」は、オブジェクト指向プログラミングの3本柱と呼ばれています。オブジェクト指向言語と呼ばれるC++、Java、C#などのプログラミング言語は、これら3つの機能をプログラムで実現する言語構文を備えています。

継承は、既存のクラスの持つメンバーを引き継いで新たなクラスを作成することです。カプセル化は、クラスの持つメンバーの中で、クラスの利用者に見せる必要のないものを隠すことです。多態性とは、同じメッセージに対してオブジェクトごとにさまざまな動作を行うことです。

プログラムで3本柱を実現する方法を説明するためには、解説書が1冊必要になるでしょう。それによって得た言語構文とテクニックの膨大な知識に縛られて、思うようにプログラミングできない人が多くいます。冷静になって、言語構文とテクニックではなく、3本柱を実践するメリットに注目すれば、必要に応じて適切に使いこなせるはずです。

既存のクラスを継承すれば、新たなクラスを効率的に作成できます。1つのクラスが複数のクラスに継承されているなら、継承元のクラスを修正するだけで、継承先のすべてのクラスを修正できます。カプセル化によって不要なメンバーを隠せば、クラスが使いやすい部品となり、保守も容易になります。隠したメンバーは外から使われないので自由に修正できるからです。多態性を利用して、同じメッセージで使える複数のクラスを作れば、クラスを使う人は覚えることが少なくて済みます。結局どれも、オブジェクト指向プログラミングのメリットである開発効率と保守性の向上を実現するものなのです。

実際のプログラムで継承を行う方法は、後で紹介します。カプセル化を行うためには、クラスのメンバーの前にpublic（外部から使える）またはprivate（外部から使えない）というキーワードを指定します。前のリス

ト7.2では、これらのキーワードを省略していました。多態性を行うには、同じ名前の関数を、複数のクラスが持つようにします。

クラスとオブジェクトの違い

これまでオブジェクト指向プログラミングを語るさまざまな意見を紹介してきました。読者の皆さんには、オブジェクト指向プログラミングがどういうものか、何となく見えてきたことでしょう。ここから先は、オブジェクト指向プログラミングに必要とされる知識を補足させていただきます。

まず、クラスとオブジェクトの違いを説明しましょう。オブジェクト指向プログラミングでは、クラスとオブジェクトを異なるものとして区別します。クラスは、オブジェクトの定義であり、クラスが実体を持ったものがオブジェクト(クラスのインスタンスとも呼ぶ)です。このことを「クラスはクッキーの型であり、くり抜かれたクッキーがオブジェクトである」と説明している解説書がよくあります(**図7.6**)。

前にリスト7.2に示したプログラムは、MyClassクラスの定義です。このままでは、MyClassクラスが持つメンバーを使うことはできません。メモリー上にクラスのコピーを作成してから使うのです。このコピーがオブジェクトです(**リスト7.5**)。

オブジェクト指向言語の学習をはじめたばかりの人は、いちいちオブジェクトを作成してから使うことを面倒だと思うようです。しかし、これはオブジェクト指向言語の決まりです。なぜ、このような決まりにしたのでしょう? それは、現実世界でもクラス(定義)とオブジェクト(実体)が区別されているからです。たとえば、企業の従業員を表すJugyoinクラスを定義したとしましょう。定義しただけですぐにJugyoinクラスのメンバーが使えたら、プログラムの中には従業員が一人しか存在できなくなってしまいます。Jugyoinクラスのオブジェクトを作成する決まりな

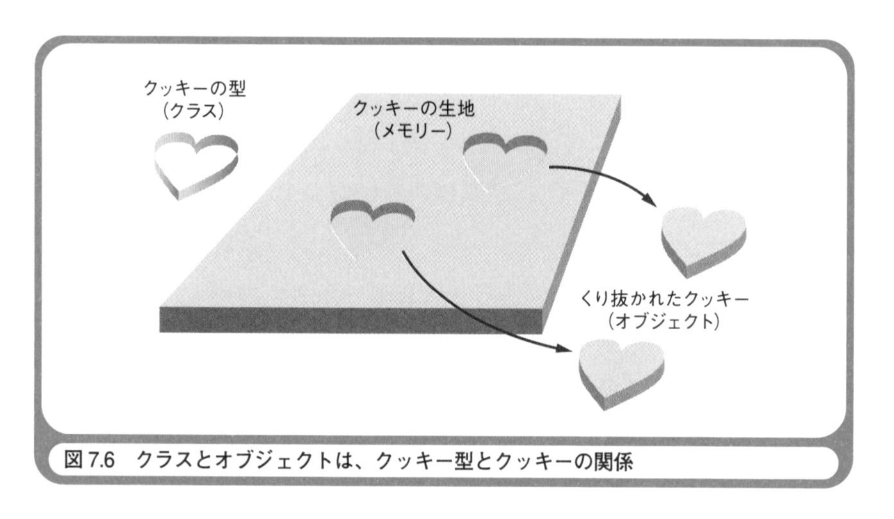

図7.6　クラスとオブジェクトは、クッキー型とクッキーの関係

リスト7.5　クラスのオブジェクト作ってから使う（C++の場合）

```
MyClass obj;              // オブジェクトを作る
obj.Hensu1 = 123;         // オブジェクトの持つ変数を使う
obj.Kansu1();             // オブジェクトの持つ変数を使う
```

ら、必要な人数だけ従業員を作る（メモリー上にJugyoinクラスのコピーを作成する）ことができます。

これで、クラスはクッキーの型であり、くり抜かれたクッキーがオブジェクトであるという意味がわかったでしょう。同じクッキーの型（クラス）から、必要な数だけクッキー（オブジェクト）を作れるのです。

クラスの使い方は3通りある

繰り返し説明しますが、オブジェクト指向プログラミングでは、クラスを作る人とクラスを使う人が分業できます。クラスを作る人は、再利用性、保守性、現実世界のモデリング、および使いやすさなどを考慮して、関数と変数をまとめればよいのです。この作業を「クラスを定義する」と呼びます。

クラスを使う人は、3通りの方法でクラスを使えることを知っておいてください。クラスが持つメンバー（関数と変数）を個別に利用するだけの方法、クラスの定義の中に他のクラスを含めてしまう方法（「集約」と呼ばれる）、および既存のクラスを継承して新しいクラスを定義する方法です。どの方法を使うかは、対象となるクラスの性質と、プログラムの目的によって必然的に決まります。

クラスを前述した3つの方法で使う例を紹介しましょう。**リスト7.6**は、

リスト7.6　Javaで記述したWindowsアプリケーション

```
import java.awt.*;
import java.awt.event.*;
import javax.swing.*;                      継承して使う

public class MyFrame extends JFrame implements
                                         ActionListener {
  private JButton myButton;            集約して使う

  public MyFrame() {
    this.myButton = new JButton("クリックしてください");
    this.getContentPane().setLayout(new FlowLayout());
    this.getContentPane().add(myButton);
    myButton.addActionListener(this);

    this.setTitle("サンプルプログラム");
    this.setSize(300, 100);
    this.setDefaultCloseOperation(JFrame.EXIT_ON_CLOSE);
    this.setVisible(true);
  }
                                          メンバーを使う
  public void actionPerformed(ActionEvent e) {
    JOptionPane.showMessageDialog(null, "こんにちは！");
  }

  public static void main(String[] args) {
    new MyFrame();
  }
}
```

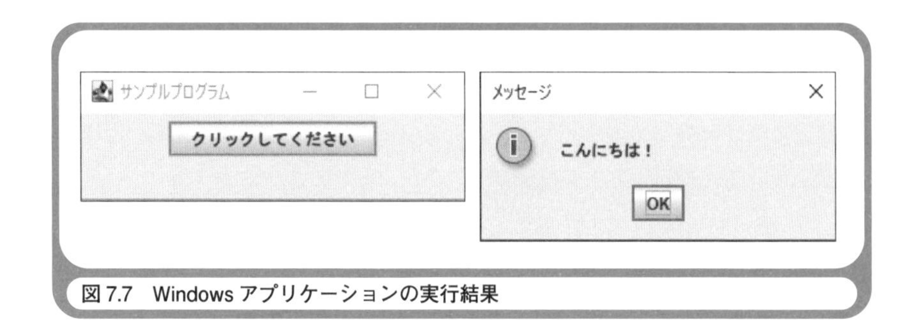

図 7.7　Windows アプリケーションの実行結果

Javaで記述したWindowsアプリケーションです。ボタンをクリックするとメッセージボックスに「こんにちは！」と表示されます（**図7.7**）。

プログラムの内容を理解する必要はありませんが、クラスが3通りの方法で使われていることに注目してください。このプログラムは、全体として「MyFrame」という名前のクラスになっています。MyFrameは、クラスライブラリが提供するJFrameクラスを継承しています。Javaでは、extendsが継承を意味します。ウィンドウの上には、1つのボタンがありますが、これをプログラムで表すと、JButton（ボタンのクラス）をデータ型とした変数myButtonになります。これが、集約です。クラスの中に他のクラスが含まれているのです。クラスが他のクラスを持っているとも言えます。メッセージボックスを表示するJOptionPane.showMessageDialog(null, "こんにちは！");では、JOptionPaneクラスのメンバーであるshowMessageDialogを個別に利用しています。その他にも、クラスのメンバー個別に利用している部分が多々あります。

☆　　☆　　☆

オブジェクト指向プログラミングに関するさまざまなとらえ方を知ったことで、オブジェクト指向プログラミングの全体像がつかめたと思いますが、1つだけ注意してほしいことがあります。それは「オブジェクト指向プログラミングを学問だと考えないでほしい」ということです。プログラマはエンジニアです。エンジニアは、学者ではなく経済活動家です。オブジェクト指向プログラミングのさまざまな概念やプログラミング・テクニックに縛られることなく、効率的で保守が容易なプログラミング手法として、適切な場面でオブジェクト指向プログラミングを「実践」してください。

かく言う筆者は、オブジェクト指向プログラミングを「あらかじめ用意されている部品を活用するプログラミング手法だ」と割り切って実践しています。もしかしたら、そんな筆者に向かって「あなたはオブジェクト指向プログラミングがわかっていない。それはコンポーネント・ベース・プログラミングだ！」と学者のようなことをおっしゃる人がいるかもしれません。「そう言うあなたは、オブジェクト指向プログラミングを適切に実践しているのですか？」と反論させていただきます。次の第8章では、がらりと話題を変えて「データベース」の説明をします。どうぞお楽しみに！

COLUMN

セミナーの現場から

新人プログラマの教育にお勧めのプログラミング言語は？

IT 企業では、新人プログラマの教育期間中に、何らかのプログラミング言語を学ばせています。筆者の講師経験では、一昔前にはC言語またはVisual Basicを使う企業が多かったのですが、近年では、圧倒的にJavaが使われています。実際の現場でもJavaを使った開発が行われているので、配属後すぐにJavaでプログラミングできるようにしたいのでしょうが、筆者は最初に学ぶプログラミング言語としてJavaをお勧めしません。その理由は、これも近年の傾向ですが、IT企業に入社される新人さんが持つ知識が、一昔前と比べてかなり少なくなっているからです。

実際の研修で確認したところ、半数ぐらいの新人さんが「学生時代にプログラミング経験ゼロ」です。経験があっても、自ら趣味でプログラミングを楽しんでいたのではなく「学校の授業で数十行程度のプログラムを書いただけ」という人がほとんどです。「すでにコンピュータの仕組みもプログラミングもわかっているから、新人研修では、実務で役立つ実践的な知識を得たい」というような新人さんは、ほとんどいないのです。

● Javaはアルゴリズムとデータ構造を隠してしまう

コンピュータとプログラミングの知識が少ない新人さんにJavaを学ばせるとどうなるでしょう。Javaは、コンピュータの仕組みをほとんど意識せずに使えるプログラミング言語です。さらに、Javaのクラスライブラリ（プログラムの部品群）を使うと、アルゴリズムとデータ構造を考える必要もありません。たとえば、スタックというデータ構造を使ったプログラムを作る場合には、スタック本体およびプッシュ関数とポップ関数を提供してくれるStackクラスを使えばよいのです。スタックポインタを使った仕組みを知る必要などないのです。新人さんは、Java を通して、コンピュータの仕組みや、アルゴリズムとデータ構造を学ぶことはできないでしょう。

●C 言語をマスターしてから Java を学んだ方がよい

筆者は、決して Java が嫌いなわけではありません。Java は、オブジェクト指向プログラミングができる言語であり、大規模なプログラムを効率的に作成および保守できるでしょう。ただし、それは実務としてプログラミングする場合のメリットです。コンピュータの知識の少ない新人さんには、Java ではなく C 言語をお勧めします。C 言語は、コンピュータの仕組みを意識し、コツコツと手作りでアルゴリズムやデータ構造を実装しなければならない言語だからです。本書の中でも、データ構造を説明する場面で、C 言語を使っています。

それでも、Java を使いたいなら、C 言語をマスターしてから Java を学ぶというのはいかがでしょう。Java は、C 言語にオブジェクト指向プログラミングの構文を追加した C++ という言語をベースに開発されています。そのため、C 言語の構文と Java の構文には、共通する部分が多くあります。C 言語をマスターすれば、Java の便利さを理解でき、スムーズに移行できるはずです。学習時間の制約もあると思いますが、急がば回れです。C 言語をマスターしてから Java を学ぶことをお勧めします。さらに、もしも可能であれば、C 言語の前に 1 日だけでよいので、アセンブラを学ぶことも強くお勧めします。アセンブラでコンピュータの仕組みを学び、C 言語でアルゴリズムとデータ構造を学び、Java で実践的で効率的な開発技法を学ぶ、という学習スケジュールが理想的だと思います。

●短時間でプログラミングの楽しさを教えるなら Python がお勧め

数週間かけて本格的にプログラミングを学ぶのではなく、短時間でプログラミングを体験する、という研修もあるでしょう。このような場合には、C 言語や Java ではなく、Python をお勧めします。Python は、プログラムを短く記述できる言語だからです。たとえば、画面に「こんにちは！」と表示するプログラムを記述する場合には、C 言語や Java では 5 行程度になりますが、Python なら 1 行です。Python は、気軽にプログラミングを体験するために、うってつけの言語なのです。本書の中でも、プログラムを短く記述したい場面で、Python を使っています。

第8章

作ればわかるデータベース

ウォーミングアップ

本文を読む前に、ウォーミングアップとして以下のクイズに挑戦してください。

初級問題

データベース用語で「テーブル」とは何ですか？

中級問題

DBMSは何の略語ですか？

上級問題

キーとインデックスの違いは何ですか？

いかがだったでしょうか。改めて聞かれると、簡潔に答えられない問題もあったでしょう。答えと解説を以下に示しておきます。

答え

初級問題：テーブル（table）とは、表形式で格納されたデータのことです。

中級問題：Database Management System（データベース管理システム）の略語です。

上級問題：キーは、レコードを識別したり、テーブル間のリレーションシップを設定したりするものです。インデックスは、データの検索速度を向上させる仕組みです。

解説

初級問題：1つのテーブルは、複数の列と行から構成されます。列のことをフィールド、行のことをレコードと呼ぶこともあります。

中級問題：市販のDBMSには、Oracle、SQL Server、DB2などがあります。どのDBMSにも基本的に同じSQL文で命令を与えられます。

上級問題：レコードを一意的に識別できるフィールドを主キーと呼び、リレーションシップのために他のテーブルの主キーをフィールドとして持ったものを外部キーと呼びます。インデックスは、キーとは無関係の仕組みです。

この章のポイント

これまでの章では、コンピュータの仕組みとプログラミングを取り上げてきました。この章では、がらりと話題を変えてデータベースの説明をさせていただきます。皆さんは、DBMS、リレーショナル・データベース、SQL、トランザクションなど、何らかのデータベース用語を耳にしたことがあるでしょう。ただし、用語の意味は何となくわかっても、もう1つピンとこないと感じている人が多いはずです。データベースに限らず、コンピュータに関する技術は、実際に作って使ってみなければ十分に理解できません。

ここでは、データベースの概要を説明してから、簡単なデータベースの作成を紙上体験していただきます。データベース用語の意味を理解できるだけでなく、生きた知識として身に付くはずです。データベースの作成には、さまざまな手段があります。ここで紹介するのはほんの一例であることをご了承ください。

データベースはデータの基地

「データベース」とは、データ（data）の基地（base）という意味です。企業のビジネス戦略において、社内のデータがあちこちに散在していたのでは、データの更新や検索に時間がかかって面倒です。社内のデータを1カ所の基地にまとめて整理しておけば、必要に応じてさまざまな部門の従業員が活用できます。これがデータベースです。紙の書類でデータが整理されていてもデータベースだと言えますが、データを整理するのに適しているコンピュータを利用するともっと便利になります。コンピュータは手作業の業務を効率化する道具です。コンピュータがデータの基地になります。

コンピュータの中にデータを蓄積して利用しやすいように整理するためには、データの格納形式を工夫しなければなりません。手作業の業務では、伝票や名刺のように、1枚の紙の中に必要な情報がまとめられてい

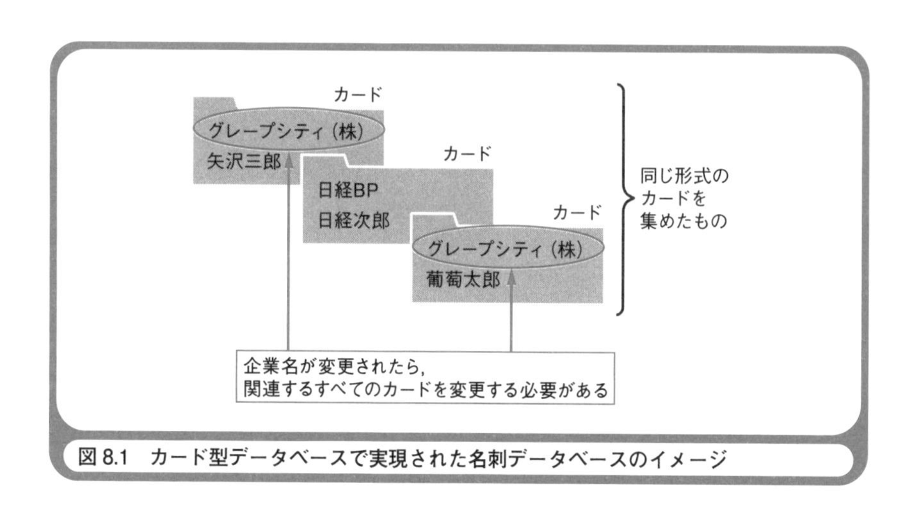

図 8.1　カード型データベースで実現された名刺データベースのイメージ

ます。このようなデータの格納形式をそのままコンピュータに置き換えて実現したものを「カード型データベース」と呼びます。ワープロの文書ファイル1つに、1枚の伝票や1枚の名刺の情報を記録するようなものです。小規模なデータベースならカード型データベースとして実現できます。住所録アプリケーションや、Webの掲示板の書き込み記録などで、カード型データベースが使われています（**図8.1**）。

ただし、企業の業務に関する情報を管理するような大規模なデータベースを実現するには、カード型データベースでは力不足です。なぜなら、個々のカードの間に関連性がなく「A社がB社に商品を販売した」といった情報を記録することが困難だからです。図8.1を見ればわかると思いますが、もしも企業名が「グレープシティ（株）」から「ぶどうソフトウエア（株）」に変更されたら、「グレープシティ（株）」という企業名が記録されたすべてのカードを変更するという面倒な作業も必要になります。

大規模なデータベースに適しているのは「リレーショナル・データベース（relational database、関係データベース）」という形式です。リレーショナル・データベースでは、データを複数のテーブル（table、表）に分けて

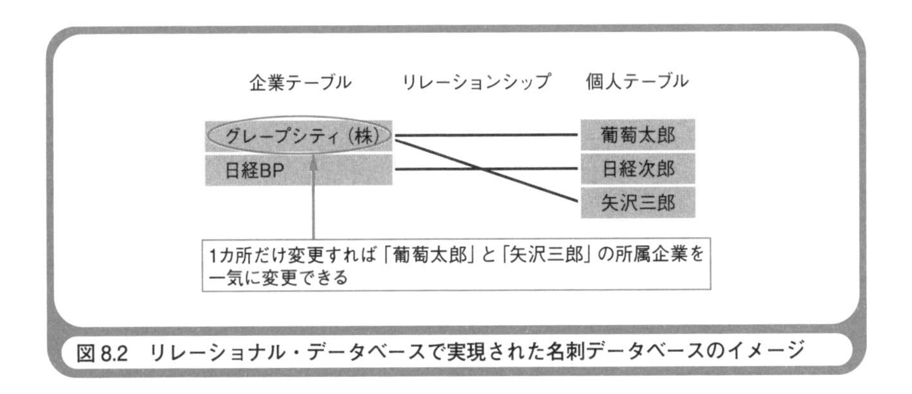

図8.2 リレーショナル・データベースで実現された名刺データベースのイメージ

整理し、表と表のリレーションシップ（relationship、関係）も記録します。データを企業テーブルと個人テーブルに分けて関係づければ、先の変更作業は、企業テーブル内の「グレープシティ（株）」という1つのデータを「ぶどうソフトウエア（株）」に更新するだけで済みます（**図8.2**）。商品、顧客、売上のテーブルを関連付ければ、「A社がB社に商品を販売した」という情報も記録できます。

リレーショナル・データベースは、1970年に米IBMのCodd氏によって考案されました。現在では、データベースと言えばリレーショナル・データベースを意味するほど、広く普及しています。これから紙上体験していただくデータベースも、リレーショナル・データベースとして作成します。

データ・ファイル、DBMS、プログラム

データベースを作成するためには、皆さんがコツコツとすべてのプログラムを記述してもかまいませんが、DBMS（Database Management System、データベース管理システム）というソフトウエアを利用するのが一般的です。Oracle、SQL Server、DB2、MySQL、PostgreSQLなどの製品名を聞いたことがあるでしょう。これらはどれもDBMSです。

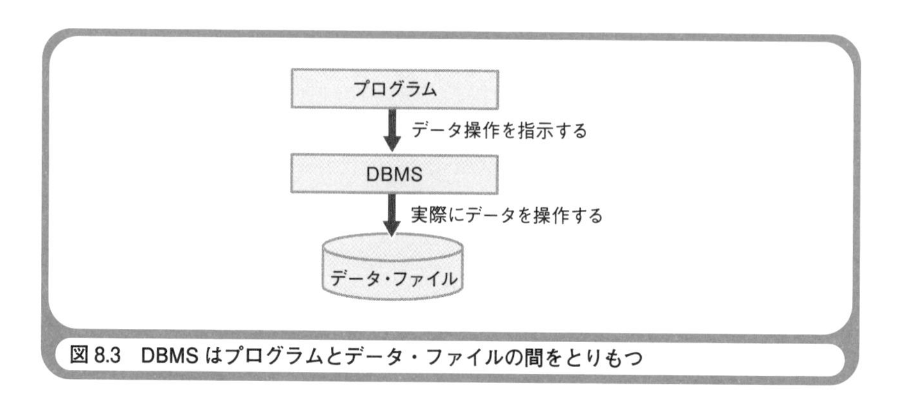

図 8.3　DBMS はプログラムとデータ・ファイルの間をとりもつ

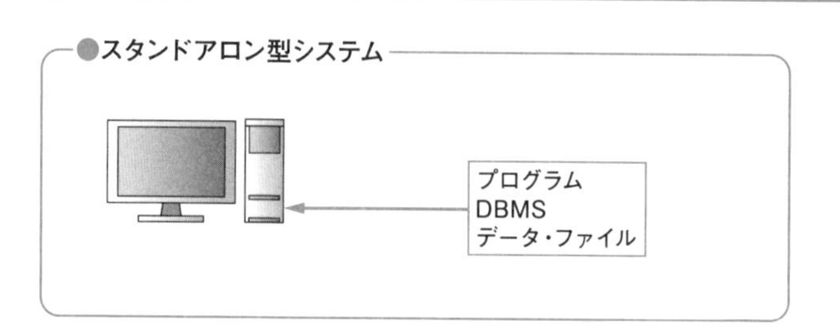

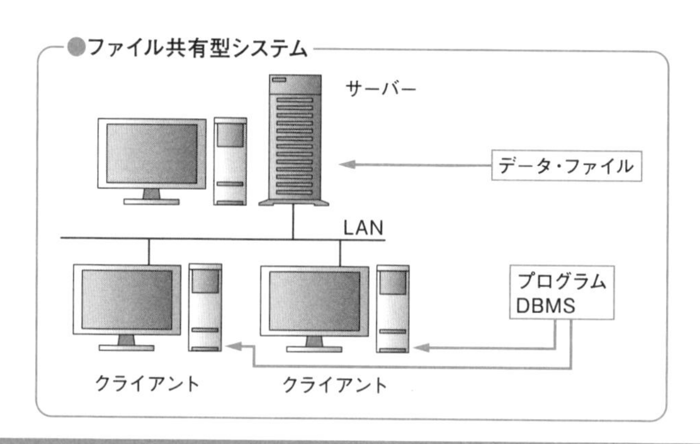

図 8.4　データベース・システムの形態

データベースの実体は、何らかのデータ・ファイルなのですが、皆さんが作成するプログラムからは、直接データ・ファイルを読み書きせずに、DBMSを仲介させて間接的に読み書きします(**図 8.3**)。DBMSは、簡単にデータ・ファイルを読み書きできるようにし、データを矛盾なく安全に保つ機能を持っています。

「矛盾なく安全に保つ」とはどういう意味かは、後で説明することにして、まずはデータベース・システムの構成要素を説明しましょう。「データ・ファイル」「DBMS」「プログラム(データベースを操作するためのプ

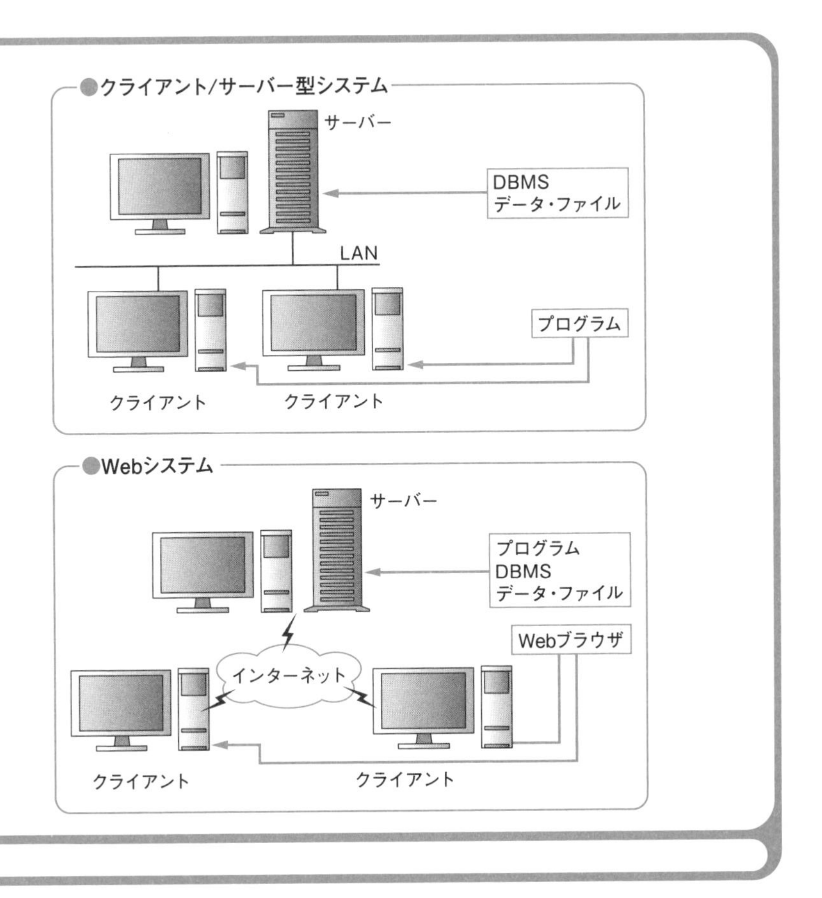

ログラム)」の3つです。小規模なシステムでは、1台のPC上にデータ・ファイル、DBMS、プログラムがすべて配置されます。これを「スタンドアロン型システム」と呼びます。中規模なシステムでは、1台のPCにデータ・ファイルを配置し、それをDBMSとプログラムが配置された複数台のPCから共有します。これを「ファイル共有型システム」と呼びます。大規模なシステムでは、1台のサーバーマシンにデータ・ファイル、DBMSを配置し、それをプログラムが配置された複数台のPCから利用します。これを「クライアント/サーバー型システム」と呼びます。データ・ファイルとDBMSが配置されたPCがサーバー(server、サービスの提供者)で、アプリケーションが配置されたPCがクライアント(client、サービスの利用者)というわけです。サーバーとクライアントの間がインターネットで接続されているなら「Webシステム」となります。Webシステムでは、プログラムもサーバーに配置され、クライアントにはWebブラウザだけが配置されるのが一般的です(**図8.4**)。

データベースを設計する

実際にデータベースを作ってみましょう。ここでは、1台のPCでMySQL[*1]というDBMSを使ったスタンドアロン型システムにします。データベースを操作するプログラムは、MySQL Command Line Client(MySQLと一緒にインストールされるツール)を使います。テーマは、酒屋さんの商品売上管理です。身近な例で雰囲気をつかんでください。

最初にデータベースを設計します。データベース設計の第一歩は「何が知りたいのか?」という観点で、データを洗い出すことです。自分で使うデータベースなら、何が知りたいのかを自問自答してください。プロがお客様のために作るデータベースなら、何が知りたいのかをお客様か

＊1 MySQLは、オラクル社が開発・提供するオープンソースのDBMSです。基本的に無料で使用できます。

ら聞き出してください。

ここでは、酒屋さんの商品売上管理として、以下に示したデータを知りたいとします。

【酒屋さんは何が知りたいのか？】

・商品名

・単価

・売上数量

・顧客名

・住所

・電話番号

これらのデータでよいのかどうかは、データベースの利用者が判断することです。知りたいデータが欠けていたら、データベースとして役に立ちません。知る必要のないデータが含まれていたら、データ・ファイルを記憶するディスク容量を無駄に消費するだけです。

必要なデータを洗い出せたら、次のステップとして、個々のデータの属性を考えます。データの属性とは、データ型(数値か文字列か)、数値なら整数か小数点数か、文字列なら最大何文字か、NULL値(データを空にしておくこと)を許可するか――などです。ここでは、**図8.5**のように属性を設定します。酒屋さんの知りたいデータに属性を設定したテーブルは「酒屋テーブル」という名前にします。

ここで、データベース用語を覚えてください。テーブルに登録される1行のデータのまとまりを「レコード(record)」と呼びます。1つのレコードを構成する商品名や単価などの項目を「フィールド(field)」と呼びます。レコードのことを「行」や「ロウ(row)」、フィールドのことを「列」や「カラム(column)」と呼ぶこともあります。属性の設定対象となるのは、

フィールド	データ型	NULL値
商品名	文字列型（最大40文字）	禁止
単価	整数型	禁止
売上数量	整数型	禁止
顧客名	文字列型（最大20文字）	禁止
住所	文字列型（最大40文字）	許可
電話番号	文字列型（最大20文字）	許可

図8.5　フィールドの属性を設定して酒屋テーブルを作成する

フィールドです。フィールドには、格納されるデータを代表するような「フィールド名」を付けます。図8.5では、1つのレコードを構成する複数のフィールドを定義しているのです。

テーブルを分割して整理する正規化

実は、現状のテーブルのままでは、データベースの運用で問題が生じてしまう可能性があります。現状のテーブルに、試験的に何件（レコードの数は、1件、2件、・・・と数えます）かのレコードを登録したとしましょう（**図8.6**）。

問題は、いくつかあります。 まず、1件目と2件目のレコードの中にある「日経次郎、東京都港区、03-2222-2222」のように、同じデータを何度も登録しなければならないことです。データベースの操作が面倒になり、ディスク容量が無駄に消費されます。別の問題として、3件目のレコードのように、「ウイスキー」と入力するべきなのに誤って「ウヰスキー」と入力すると、同じ商品を指していながらコンピュータ上では異なる商品だと認識されてしまうこともあります。このように、テーブルが1つだけでは、運用上の問題が生じてしまう場合があるのです。

リレーショナル・データベースの設計では、これらの問題を解決する

酒屋テーブル

商品名	単価	売上数量	顧客名	住所	電話番号
日本酒	2000	3	日経次郎	東京都港区	03-2222-2222
ウイスキー	2500	2	日経次郎	東京都港区	03-2222-2222
ウヰスキー	2500	1	矢沢三郎	栃木県足利市	0284-33-3333

同じ商品を異なる名前で登録している

同じデータを何度も登録している

図 8.6　1 つのテーブルでは問題が生じる場合がある

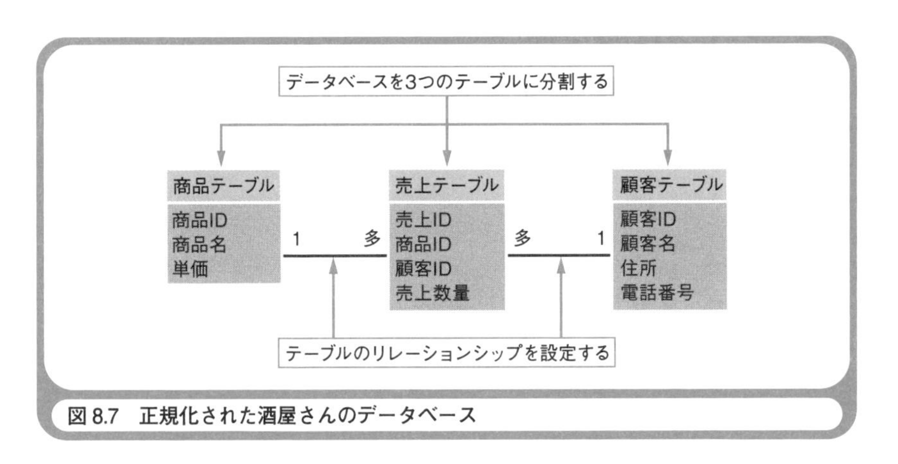

図 8.7　正規化された酒屋さんのデータベース

ために「正規化」という作業を行います。正規化とは、テーブルを複数に分け、個々のテーブルのリレーションシップを設定して（テーブル同士を結び付けて）、データベースの構造を整理することです。正規化を行うことによって、よりよいデータベースとなります（**図 8.7**）。

正規化のポイントは、1つのデータベースの中に同じデータが重複して記憶されないようにすることです。ここでは、酒屋さんのデータベースを「商品テーブル」「顧客テーブル」「売上テーブル」の3つに分けて、リレーションシップ（線で結ばれた部分）を設定しています。これによって、同

商品テーブル

商品ID	商品名	単価
1	日本酒	2000
2	ウイスキー	2500

売上テーブル

売上ID	商品ID	顧客ID	売上数量
1	1	1	3
2	2	1	2
3	2	2	1

売上テーブル

顧客ID	顧客名	住所	電話番号
1	日経次郎	東京都港区	03-2222-2222
2	矢沢三郎	栃木県足利市	0284-33-3333

図8.8　3つのテーブルにデータを格納したところ

じ顧客の氏名、住所、電話番号を何度も入力する手間が省け、同じ商品の商品名を誤って入力する間違いを防ぐことができます。3つのテーブルには、**図8.8**のようにデータが格納されます。

テーブルを結び付ける主キーと外部キー

リレーションシップを設定するためには、テーブルとテーブルを結び付けるためのフィールドを追加する必要がある場合があります。このとき追加するフィールドを「キー（key）」と呼びます。まず、各テーブルに、その値がわかればレコードを特定できるキーを追加します。このキーを「主キー（primary key）」と呼びます。顧客テーブルの「顧客ID」フィールド、売上テーブルの「売上ID」フィールド、商品テーブルの「商品ID」フィールドが、主キーです。

主キーには「顧客ID」のようなフィールド名を付けるのが一般的です。これは、主キーがレコードを特定するID（identification、識別値）になる

商品テーブル

商品ID	商品名	単価
1	日本酒	2000
2	ウイスキー	2500

売上テーブルの商品ID（外部キー）と
商品テーブルの商品ID（主キー）を結び付ける

売上テーブル

売上ID	商品ID	顧客ID	売上数量
1	1	1	3
2	2	1	2
3	2	2	1

売上テーブルの顧客ID（外部キー）と
顧客テーブルの顧客ID（主キー）を結び付ける

顧客テーブル

顧客ID	顧客名	住所	電話番号
1	日経次郎	東京都港区	03-2222-2222
2	矢沢三郎	栃木県足利市	0284-33-3333

図8.9　主キーと外部キーでテーブルとテーブルを結び付ける

からです。たとえば、顧客テーブルで顧客IDが1なら、日経次郎のレコードだと特定できます。顧客IDが2なら、矢沢三郎のレコードだと特定できます。このことから、主キーには、他のレコードと重複しない値を記録しなければなりません。DBMSは、主キーの値が同じレコードを登録しようとするとエラーにしてくれます。これは、DBMSが備える、データを矛盾なく安全に保つ機能の1つです。

売上テーブルには、顧客IDと商品IDというフィールドも追加されています。これらは、他のテーブルの主キーであり、売上テーブルにとって「外部キー（foreign key）」と呼ばれます。同じ値の主キーと外部キーによって複数のテーブルが結び付けられ、データを芋づる式に取り出せます。たとえば、売上テーブルの一番上の行にある「1,1,1,3」というレコードは、売上IDを1として、顧客IDが1の人が、商品IDが1の商品を3個買ったということを表しています。顧客IDが1の人は、顧客テーブルから「1, 日経次郎, 東京都港区, 03-2222-2222」だとわかります。商品ID

が1の品物は、商品テーブルから「1,日本酒, 2000」だとわかります(**図8.9**)。売上テーブルの主キーである売上IDは、他のテーブルの外部キーになっていませんが、テーブルには必ず主キーとなるフィールドを設定します。レコードを特定できるようにするためです。複数のフィールドの値を組み合わせて主キーとすることもできます。

テーブル間のリレーションシップは、レコードとレコードを結び付けます。レコードのリレーションシップの形態は、「1対1」「多対多」「1対多(多対1でも同じ)」のいずれかになりますが、多対多となってはいけません。少なくとも、どちらか一方が1でないと、外部キーから主キーに結び付けることができないからです。もしも酒屋さんのデータベースを顧客テーブルと商品テーブルだけに分けると、2つのテーブル間のリレーションシップは、多対多になります。1つの顧客が複数の商品を買い、1つの商品が複数の顧客に買われるからです。

リレーションシップが多対多になってしまう場合は、2つのテーブルの間にもう1つテーブルを追加し、2つの1対多に分けることができます(**図8.10**)。このようなテーブルを「リンク・テーブル(link table、結合テーブル)」と呼びます。酒屋さんのデータベースでは、売上テーブルがリンク・テーブルとなっています。

DBMSには、「参照整合性」をチェックする機能があります。これも、データを矛盾なく安全に保つ仕組みの1つです。たとえば、現状の酒屋さんのデータベースで、商品テーブルから「日本酒」のレコードを削除したとしましょう。こうすると、売上テーブルの中で日本酒を買っているレコードで、何を買ったのかがわからなくなってしまいます。参照整合性を保つように設定しておけば、アプリケーションからこのような操作をしたときに、DBMSが操作を拒否してくれます(**図8.11**)。

もしも、皆さんが作成するプログラムから直接データ・ファイルを読み書きしたら、主キーに同じ値を持つレコードを登録することや、参照

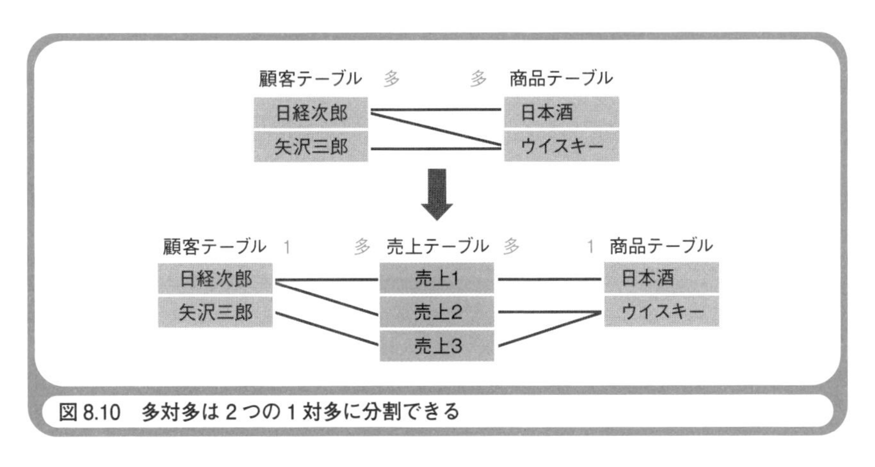

図 8.10　多対多は 2 つの 1 対多に分割できる

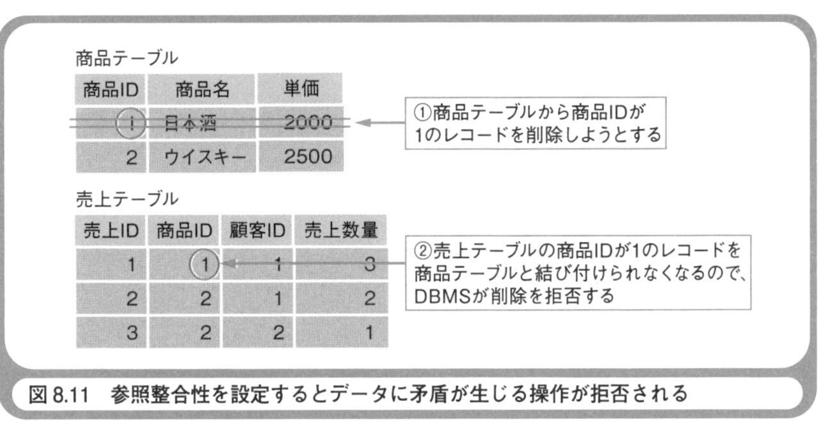

図 8.11　参照整合性を設定するとデータに矛盾が生じる操作が拒否される

整合性をチェックせずにレコードを削除するような勝手な操作ができてしまうでしょう。それを未然に防いでくれるDBMSとは、実に便利なものなのです。

データの検索速度を向上させるインデックス

DBMSの機能の1つとして、テーブルの個々のフィールドに「インデックス（index）」を設定できます。インデックスは、キーと混同されがちですが、まったく異なるものです。インデックスは、データの検索の速度

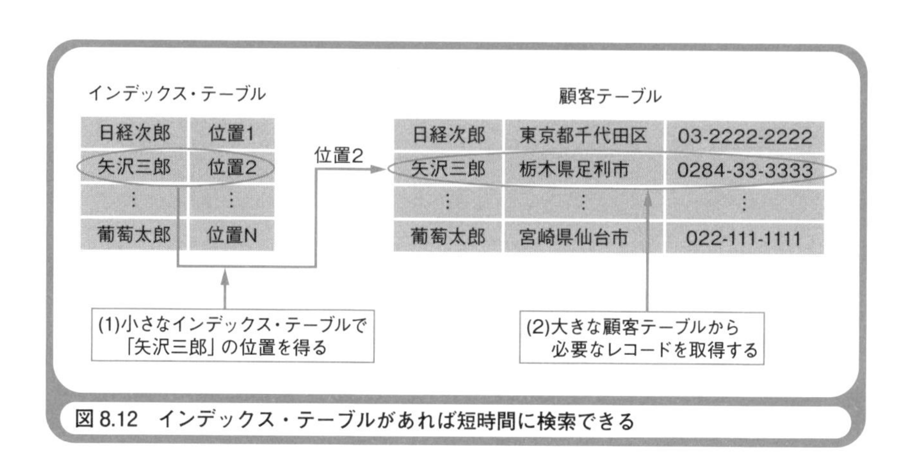

図 8.12　インデックス・テーブルがあれば短時間に検索できる

を向上させる内部的な仕組みです。フィールドにインデックスを設定すると、そのフィールドのためのインデックス・テーブルが自動的に作成されます。

インデックス・テーブルは、フィールドの値と、そのフィールドを持つレコードの位置を示すものです。たとえば、顧客テーブルの顧客名フィールドにインデックスを設定すると、「顧客名」と「位置（ファイル上の位置）」という2つのフィールドを持ったインデックス・テーブルが作成されます（**図 8.12**）。インデックス・テーブルは、もとのテーブル（顧客テーブル）に比べてフィールド数が少ないので、高速に検索が行えます。インデックス・テーブルで検索を行ってから、もとのテーブルのレコードを取り出します。インデックスとは「索引」という意味です。データベースのインデックスも、書籍の索引と同様に、目的のデータを効率的に見つける仕組みなのです。

検索の速度が向上するなら、すべてのテーブルのすべてのフィールドにインデックスを設定すればよいと思うかもしれませんが、そうするべきではありません。インデックスを設定すると、テーブルにレコードが登録されるたびにインデックス・テーブルの更新処理が必要になります。

検索の速度が向上する代償として、登録の速度が低下するのです。したがって、そのフィールドを対象として頻繁に検索が行われる場合にだけインデックスを設定するべきです。酒屋さんのデータベースの場合は、顧客テーブルの顧客名フィールド、および商品テーブルの商品名フィールドだけにインデックスを設定すれば十分でしょう。もしもレコード件数が最大でも数千件程度で済むデータベースなら、まったくインデックスを設定しなくても遅いとは感じないはずです。

DBMSにテーブルの作成を指示するSQL文

MySQL Command Line Clientというプログラムを使って、実際にデータベースを作成してみましょう。プログラムからDBMSに指示を与えることになりますが、その際に使われるのがSQL（Structured Query Language）という言語です。SQLの規格は、ANSI（American National Standards Institute、米国規格協会）やISO（International Organization for Standardization、国際標準化機構）で標準化されているので、どのDBMS製品でも基本的に同じ構文のSQLが使えます。ただし、DBMS製品によって、いくつか固有の命令があります。

MySQL Command Line Clientを起動したら、最初にデータベースを新規作成する命令と、そのデータベースを使う命令を実行します。ここでは、sampleという名前のデータベースを作成します。/* と */ で囲んだ文字列は、コメントです。

```
/* sampleデータベースを作成する */
CREATE DATABASE sample;

/* sampleデータベースを使う */
USE sample;
```

SQLで記述された命令をSQL文と呼びます。SQL文は、アルファベットの大文字と小文字を区別しません。ここで示すSQL文は、わかりやすいように、SQLとして意味が決められている言葉をすべて大文字で示すことにします。

SQL文の構文は、英語と同様です。構文を詳しく説明しなくても、英語だと考えれば何となく意味を理解できるでしょう（ここでは、SQL文の雰囲気をつかんでいただければOKです）。SQL文には、処理の流れはありません。MySQL Command Line Clientでは、SQL文を入力して末尾にセミコロンを置き（このセミコロンが命令の末尾の印になります）、「Enter」キーを押せば命令を実行できます（**図8.13**）。

データベースを作成したら、その中にテーブルを作成します。商品テーブル、顧客テーブル、売上テーブルは、それぞれShohin、Kokyaku、Uriageという名前にします。フィールドの名前も、日本語のローマ字表記にしています。以下は、テーブルを作成するSQL文です。長いSQLなので、途中で改行しています。INTは、整数型（integer＝整数）を意

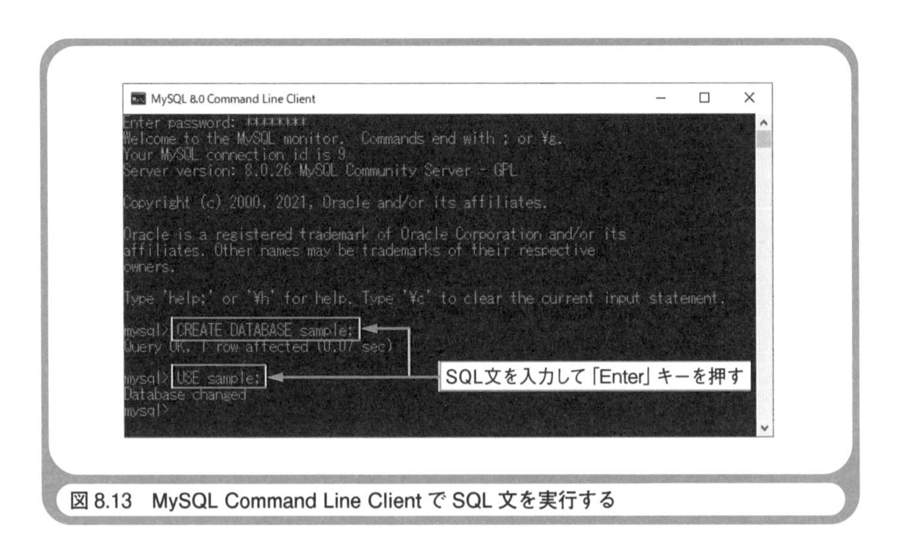

図8.13　MySQL Command Line ClientでSQL文を実行する

味します。VARCHARは、文字列型（variable character＝可変長文字列）を意味しカッコの中に最大文字数を指定します。PRIMARY KEYは、主キーを意味します。NOT NULLは、NULL値を禁止することを意味します。

```
/* Shohinテーブルを作成する */
CREATE TABLE Shohin (
  shohin_id INT PRIMARY KEY,              /* 商品ID */
  shohin_mei VARCHAR(40) NOT NULL,        /* 商品名 */
  tanka INT NOT NULL                      /* 単価 */
);

/* Kokyakuテーブルを作成する */
CREATE TABLE Kokyaku (
  kokyaku_id INT PRIMARY KEY,             /* 顧客ID */
  kokyaku_mei VARCHAR(20) NOT NULL,       /* 顧客名 */
  jusho VARCHAR(40),                      /* 住所 */
  denwa_bango VARCHAR(20)                 /* 電話番号 */
);

/* Uriageテーブルを作成する */
CREATE TABLE Uriage (
  uriage_id INT PRIMARY KEY,         /* 売上ID */
  shohin_id INT NOT NULL,            /* 商品ID */
  kokyaku_id INT NOT NULL,           /* 顧客ID */
  uriage_suryo INT NOT NULL          /* 売上数量 */
);
```

DBMSにCRUDを指示するSQL文

データベースとテーブルを作成できたので、データベースを使ってみましょう。データベースの操作の種類は、「CRUD（クラッド）」と呼ばれます。CRUDは、レコードの「登録（CREATE）」「取得（READ）」「更新（UPDATE）」「削除（DELETE）」の頭文字を取った言葉です。データベースを操作するプログラムは、SQL文をDBMSに与えてレコードのCRUDができればよいのです。

SQLでは、CRUDのそれぞれをINSERT（挿入）、SELECT（選択）、UPDATE（更新）、DELETE（削除）という命令で示します。登録がCREATEではなくINSERTであることと、取得がREADではなくSELECTであることに注意してください。

以下は、Shohinテーブルに2件、Kokyakuテーブルに2件、Uriageテーブルに3件のレコードを登録するSQL文です。登録するレコードの内容は、これまでの説明で示してきたものと同じにしてあります。

```
/* Shohinテーブルに2件のレコードを登録する */
INSERT INTO Shohin VALUES(1, "日本酒", 2000);
INSERT INTO Shohin VALUES(2, "ウイスキー", 2500);

/* Kokyakuテーブルに2件のレコードを登録する */
INSERT INTO Kokyaku VALUES(1, "日経次郎",
"東京都港区", "03-2222-2222");
INSERT INTO Kokyaku VALUES(2, "矢沢三郎",
"栃木県足利市", "0284-33-3333");

/* Uriageテーブルに3件のレコードを登録する */
INSERT INTO Uriage VALUES(1, 1, 1, 3);
```

```
INSERT INTO Uriage VALUES(2, 2, 1, 2);
INSERT INTO Uriage VALUES(3, 2, 2, 1);
```

3つのテーブルに格納されたレコードを結び付けてデータを取得してみましょう。以下は、売上の一覧を得るSQL文です。長いSQL文なので途中で改行しています。

```
/* 売上の一覧を得るSQL文 */
SELECT shohin_mei, tanka, uriage_suryo,
kokyaku_mei, jusho, denwa_bango
FROM Shohin, Kokyaku, Uriage
WHERE Uriage.shohin_id = Shohin.shohin_id
AND Uriage.kokyaku_id = Kokyaku.kokyaku_id;
```

「SELECT shohin_mei, tanka, uriage_suryo, kokyaku_mei, jusho, denwa_bango」は、「商品名、単価、売上数量、顧客名、住所、電話番号を取得せよ」という意味です。「FROM Shohin, Kokyaku, Uriage」は、「商品テーブル、顧客テーブル、売上テーブルから」という意味です。「WHERE Uriage.shohin_id = Shohin.shohin_id AND Uriage.kokyaku_id = Kokyaku.kokyaku_id」は、「売上テーブルの商品IDが商品テーブルの商品IDと等しい、かつ、売上テーブルの顧客IDが顧客テーブルの顧客IDと等しい、という条件で」とい意味です。このように、あるテーブルの外部キーと他のテーブルの主キーとが等しいという条件を指定することで、複数のテーブルに格納されたレコードを結び付けられます。このSQL文の実行結果を**図8.14**に示します。データを取得するSQL文を実行すると、取得されたデータが表示されます。

SQLには、ここで説明したもの以外にも、データの集計、整列、グルー

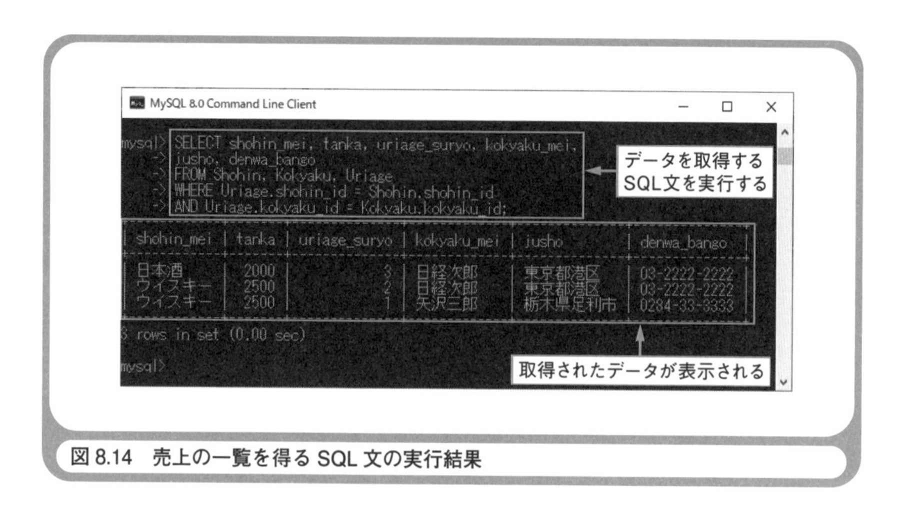

図 8.14　売上の一覧を得る SQL 文の実行結果

プ分けなど、さまざまな機能が用意されています。興味のある人は、SQLの解説書で調べてみてください。ご自身のパソコンにDBMSをインストールして、SQL文を実行してみてください。

トランザクション制御も DBMS に任せられる

最後に、DBMSが持つ高度な機能である「トランザクション制御」を紹介しましょう。ユーザー視点で見たデータベースに対する処理のまとまりを「トランザクション(transaction)」と呼びます。1つのトランザクションは、複数のSQL文の実行によって実現される場合がよくあります。たとえば、銀行の振り込み処理です。振り込みは、ユーザー視点で見て1つの処理つまりトランザクションですが、それを実現するためには、複数のSQL文の実行が必要になります。Aさんの口座からBさんの口座に10000円を振り込むとしましょう。この場合には、少なくとも「Aさんの口座の残金を－10000した値で更新する(UPDATE命令)」と「Bさんの口座の残金を＋10000した値で更新する(UPDATE命令)」という2つのSQL文をDBMSに与えることになります。2つのSQL文で、1つのトランザクションが実現されるのです。

1つ目のSQL文の実行後に何らかの異常が発生し、2つ目のSQL文を実行できなかったらどうなるでしょう。Aさんの口座の残金が−10000されているのに、Bさんの口座の残金が＋10000されないという矛盾が生じます。この問題を防ぐために、SQLには、DBMSにトランザクションの開始を知らせるBEGIN（ビギン）、トランザクションの終了（処理の確定）を知らせるCOMMIT（コミット）、異常が発生したときにトランザクショ

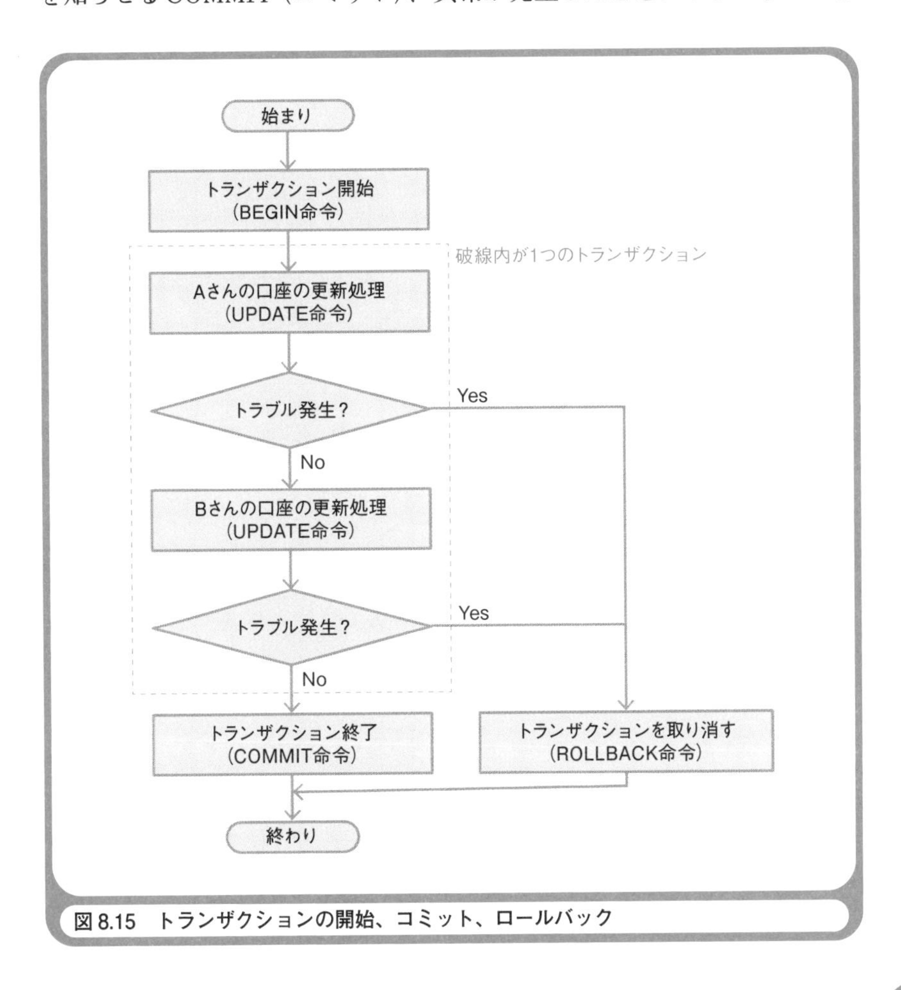

図8.15 トランザクションの開始、コミット、ロールバック

ン開始前の状態にデータベースの内容を戻すROLLBACK（ロールバック）、という命令[*2]が用意されています（**図8.15**）。トランザクション制御という高度な機能も、DBMSを利用すれば自分で作る必要がありません。DBMSとは、本当に便利なものですね。

☆　　　☆　　　☆

企業が利用している業務システムの多くは、データベースを利用しています。ふだん皆さんが利用しているインターネットの検索ページやショッピングサイトなども、その実体はデータベースです。データベースの知識は、コンピュータを活用するために必須だと言えます。

学習目的であれば、パソコンにDBMSをインストールして使うこともありますが、実用的なデータベースでは、サーバーにインストールされたDBMSをネットワーク経由で使います。データベースを使うには、ネットワークの知識も必要になるのです。そこで、次の第9章では、「ネットワーク」の説明をします。どうぞお楽しみに！

＊2　トランザクションに関するSQLの命令には、DBMSの種類によって若干の違いがあります。ここで示しているのは、MySQLの命令です。

第9章

ネットワークコマンドでネットワークの仕組みを確認する

ウォーミングアップ

本文を読む前に、ウォーミングアップとして以下のクイズに挑戦してください。

初級問題

LANは何の略語ですか？

中級問題

TCP/IPは何の略語ですか？

上級問題

MACアドレスとは何ですか？

いかがだったでしょうか。改めて聞かれると、簡潔に答えられない問題もあったでしょう。答えと解説を以下に示しておきます。

初級問題：LANはLocal Area Networkの略語です。

中級問題：TCP/IPはTransmission Control Protocol/Internet Protocolの略語です。

上級問題：MACアドレスは、イーサネットにおける識別番号です。

解説

初級問題：1つの建物内や、1つのオフィス内のように小規模なネットワークをLAN（ラン）と呼びます。それに対して、インターネットのように大規模なネットワークをWAN（Wide Area Network、ワン）と呼びます。

中級問題：TCP/IPは、インターネットで使われているプロトコルです。TCP/IPという名前は、TCPプロトコルとIPプロトコルを一緒に使うことを意味しています。

上級問題：イーサネットは、LANで使われているプロトコルです。イーサネットでは、データの送信者と受信者をMACアドレスで識別します。

皆さんは、Webページを閲覧したりメールを送ったりして、当たり前のようにインターネットを利用していることでしょう。複数のコンピュータをつないで情報を交換する仕組みを「ネットワーク（network）」と呼びます。ネットワークの一種であるインターネットは、遠く離れたコンピュータと皆さんのコンピュータをつないでくれます。世界中のコンピュータを結んだケーブルが網目（ネット）のようになっているのです。

ネットワーク・ケーブルの中を情報が電気信号として伝わるからコンピュータ同士で情報を交換できるわけですが、そのためには送信者と受信者の間で情報の送り方を取り決めておかなければなりません。この取り決めのことを「プロトコル（protocol）」と呼びます。社内ネットワークからインターネットに接続するときに、標準となっているプロトコルはTCP/IPです……

あれあれ、こんな風に話を進めていくと、だんだん難しくなってしまいますね。「ネットワークは使えればいいのであって、仕組みなど知らなくていいんだ」と思われてしまうかもしれません。でも、仕組みを知れば、もっと便利にネットワークを使えるようになるはずです。Windowsに標準で装備されているネットワークコマンドを使って、ネットワークの仕組みを確認してみましょう。

ネットワークコマンドとは？

ネットワークコマンドとは、ネットワークの設定や状態を確認するための小さなプログラムです。Windowsには、いくつかのネットワークコマンドが標準で用意されています。**表9.1**に主なネットワークコマンドの種類を示します。これらのネットワークコマンドは、Windowsのコマンド プロンプトで実行します。

これ以降では、**図9.1**に示すネットワーク環境で、いくつかのネットワークコマンドを使います。これは、筆者の自宅のネットワーク環境です。皆さんのご自宅も、同様の環境だと思いますので、ネットワークコマンドを使ってみてください。

表 9.1　Windows に標準で用意されている主なネットワークコマンド

コマンド	機能
ipconfig	ネットワークの設定を確認する
ping	通信相手に応答を要求する
tracert	通信相手までの経路を調べる
nslookup	DNS サーバーに問い合わせをする
netstat	通信状態を確認する
arp	ARP テーブルの内容を確認する

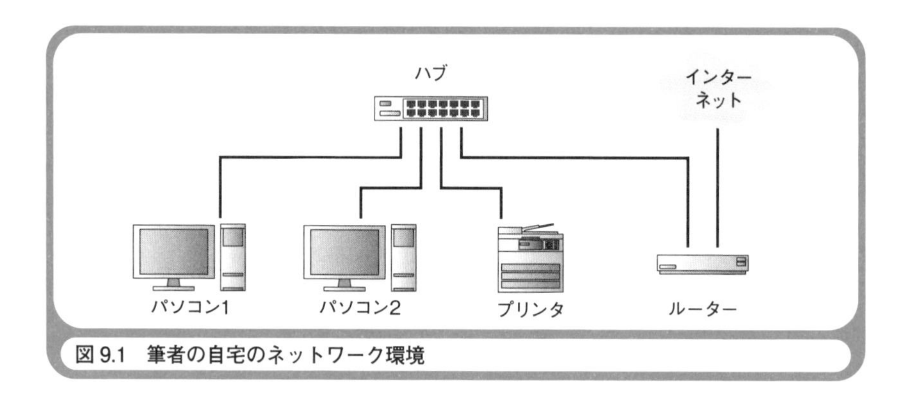

図 9.1　筆者の自宅のネットワーク環境

「パソコン1」「パソコン2」「プリンタ」「ルーター (router)」のケーブルは、「ハブ (hub)」と呼ばれる集線装置によって相互に接続されています。これが、筆者の自宅のネットワークです。ルーターは、自宅のネットワークをインターネットに接続するための装置です。ルーターには、インターネットに接続するためのケーブルもあります。

このように自宅や企業内のネットワークのことを「LAN (Local Area Network)」と呼びます。それに対して、インターネットのように企業と企業の間を結ぶネットワークのことを「WAN (Wide Area Network)」と呼びます。ルーターが、LAN を WAN につなぎます。ルーターの先は、プロバイダ (provider、インターネット接続事業者) のルーターにつながっています。プロバイダのルーターから先は、また別のルーターで、他のプロバイダや他の企業につながっています。自宅や企業内のLANを1つの単位とし、それをプロバイダのルーターで他のLANとつなぐことを世界的に広げていったものがインターネットです。LANという小さなネットワークが結ばれて、大きなネットワークになっているのです。

確認１：MACアドレスを見る

LANとWANでは、プロトコル(規約)が異なります。プロトコルが異なれば、送信者と受信者の識別番号も異なります。LANのプロトコルとしてよく使われている「イーサネット(Ethernet)」というプロトコルでは、「MAC (Media Access Control、マック)アドレス」と呼ばれる識別番号が使われます。ipconfigというネットワークコマンドを使って、MACアドレスを見てみましょう。

Windowsの「スタート」ボタンをクリックして表示されるメニューから「Windowsシステムツール」→「コマンド プロンプト」を選択してください。真っ黒い画面のウインドウが開きます。これがコマンド プロンプトです。コマンド プロンプトは、キーボードから文字列でコマンド(命令)を入力するためのものです。文字列の末尾で「Enter」キーを押せば、コマンドが実行されます。

コマンド プロンプトが開いたら、

```
ipconfig /all
```

というコマンドを実行してください。さまざまな情報[*1]が表示されるは

＊1　有線のLANを使っている場合は「イーサネット アダプター イーサネット:」の後に表示された情報を見てください。Wi-Fiを使っている場合は「Wireless LAN adapter Wi-Fi:」の後に表示された情報を見てください。

```
物理アドレス. . . . . . . . . . . . . . . . : 00-00-5D-B8-39-B0
```

図 9.2　ipconfig で確認した MAC アドレス

ずです。表示された情報の中から、「物理アドレス」と示された部分にあるハイフン「-」で区切られた「00-00-5D-B8-39-B0」というような番号に注目してください（**図9.2**）。これがMACアドレスです[*2]。

MACアドレスは、全部で48ビットの数値です。それを8ビットずつ6つにハイフン（ - ）で区切って、それぞれを16進数で示します。8ビットの2進数は、2桁の16進数になります。MACアドレスは、ネットワークのハードウエアに割り当てられています。MACアドレスの上位24ビット（ここでは00-00-5D）がハードウエアのメーカーの識別番号であり、下位24ビットが製品の機種とシリアル番号（ここではB8-39-B0）です。同じメーカーで同じシリアル番号の製品は、存在しないので、MACアドレスは、世界に1つだけの番号です。

確認 2：IP アドレスとサブネット・マスクを見る

MACアドレスは、ハードウエア的な識別番号ですが、それだけで識別を行うのは面倒です。なぜなら、企業単位でMACアドレスの上位ケタをそろえるようなグループ化ができないからです。インターネットのように世界中のコンピュータをつないだ大規模なネットワークでは、データの送信者と受信者を郵便番号のように整然とグループ化して識別する仕組みが必要です。もしも、MACアドレスだけでインターネットを実現し

*2　ipconfigによって表示される情報には、Windowsのバージョンによって、若干の違いがあります。ここでは、Windows 10 Proを使っています。なお、本書で示しているMACアドレスやIPアドレスなどは、架空の値にしてあります。セキュリティの観点から、ネットワークの情報をむやみに公開するべきではないからです。

たらどうなるでしょう。インターネットに接続している膨大な数のコンピュータには、何らグループ化されていない識別番号(MACアドレス)があるだけです。データの送り先を見つけるのに、ものすごく時間がかかってしまいます。

そこで、インターネットで使われているIPというプロトコルでは、ソフトウエア的な識別番号である「IPアドレス」を設定しています。MACアドレスは、あらかじめハードウエアに設定された番号なので、基本的に後から変更できません。それに対して、IPアドレスは、状況に合わせて任意に設定できます。任意に設定できることを、ソフトウエア的と呼んでいるのです。ネットワークに接続されたパソコンやプリンタなどには、MACアドレスとIPアドレスの両方が設定されています。LAN用がMACアドレスで、WAN用(インターネット用)がIPアドレスです。

IPアドレス＊3は、全部で32ビットの数値です。それを8ビットずつドット(.)で区切って、それぞれを10進数で示します。8ビットの2進数は、0～255の10進数になります。したがって、IPアドレスとして使える識別番号は、全部で0.0.0.0～255.255.255.255の4294967296通りです。

IPアドレスの上位桁は、ネットワークの識別番号(LANの識別番号)であり「ネットワーク・アドレス」と呼びます。下位桁は、ホストの識別番号であり「ホスト・アドレス」と呼びます。ホストとは、通信機能を持ったパソコン、プリンタ、ルーターなどの機器のことです。IPアドレスの上位桁と下位桁の区切りを示す方法は、後で説明します。

パソコンに設定されているIPアドレスを見てみましょう。先ほどipconfig /allを実行して表示された情報の中で、「IPv4アドレス」と示された部分にある192.168.1.101がIPアドレスです。さらに、「サブネット

＊3 現在では、32ビットのIPv4 (IP version 4) という形式のIPアドレスと、128ビットのIPv6 (IP version 6) という形式のIPアドレスが併用されています。本書では、IPv4のIPアドレスだけを取り上げます。

```
IPv4 アドレス . . . . . . . . . . . . : 192.168.1.101
サブネット マスク . . . . . . . . . . : 255.255.255.0
```

図9.3　ipconfigで確認したIPアドレスとサブネット・マスク

マスク」と示された部分にある255.255.255.0にも注目してください(**図9.3**)。

サブネット・マスクは、32ビットのIPアドレスの上位桁と下位桁の区切りを示します。255.255.255.0というサブネット・マスクを 2進数で表すと

11111111.11111111.11111111.00000000

になります。1が並んでいる桁がネットワーク・アドレスで、0が並んでいる桁がホスト・アドレスです。したがって、255.255.255.0というサブネット・マスクは、IPアドレスの上位24ビットがネットワーク・アドレスであり、下位8ビットがホスト・アドレスであることを示しています。

8ビットで表せる数値は、00000000～11111111までの256通りです。これらの中から任意の数値を選んで、ホスト・アドレスとして設定します。ただし、すべてが0の00000000と、すべてが1の11111111は、ホスト・アドレスとして使えない約束になっています*4。したがって、筆者の自宅には、00000001～11111110のホスト・アドレスを設定して、最大で254台のホストを置けます。

*4　すべてが0のホスト・アドレスは、ネットワーク・アドレスだけを示すことになります。すべてが1のホスト・アドレスは、LAN内のすべてのホストを宛先としてデータを送るブロードキャスト(一斉同報)で使われます。

確認3：DHCPサーバーの役割を知る

IPアドレスとサブネット・マスクは、ソフトウエア的に設定するものです。Windowsの「設定アプリケーション」を使って、これらを手作業で任意の数値に設定することもできますが、多くの場合に自動設定を利用します。手作業では、設定を誤ってしまう場合があるからです。

先ほどipconfig /allを実行して表示された情報の中で、「DHCP有効」と「DHCPサーバー」の部分に注目してください。多くの場合に「DHCP有効」が「はい」となっていて、「DHCPサーバー」のIPアドレスが示されているはずです（**図9.4**）。

DHCPとは、Dynamic Host Configuration Protocol（動的にホストを設定するプロトコル）という意味です。DHCPサーバーは、DHCPのプロトコルを使って、ホストにIPアドレスとサブネット・マスクなどを自動的に設定します。DHCPサーバーは、LAN内のコンピュータに割り当てられるIPアドレスの範囲とサブネット・マスクの値などを記憶しています。新たなホストをLANに接続すると、DHCPサーバーから、他のホストに割り当てられていないIPアドレスが知らされるのです。

ipconfig /allを実行して表示された情報の中にある「デフォルトゲートウェイ」と「DNSサーバー」にも注目してください。これらのIPアドレス[*5]が示されているはずです（**図9.5**）。

```
DHCP 有効 . . . . . . . . . . . . . . : はい
  ・・・
DHCP サーバー . . . . . . . . . . . . : 192.168.2.1
```

図9.4 ipconfigで確認したDHCP有効とDHCPサーバーのIPアドレス

＊5 デフォルトゲートウェイとDNSサーバーのIPアドレスは、IPv6とIPv4の両方の形式で示されます。

```
デフォルト ゲートウェイ . . . . . . . . : fe80::223:33ff:fe80:aac7%14
                                        192.168.2.1
   . . .
DNS サーバー. . . . . . . . . . . . . . : 2404:1a8:7f01:b::3
                                        2404:1a8:7f01:a::3
                                        192.168.2.1
```

図 9.5　ipconfig で確認したデフォルトゲートウェイと DNS サーバーの IP アドレス

デフォルトゲートウェイ（default gateway）は、LANとインターネットをつなぐ最初のルーターです。DNSサーバーの役割は、ドメイン名[*6]に対応するIPアドレスを知らせるサーバーです（確認6で詳しく説明します）。これらの情報も、DHCPサーバーによってホストに自動的に設定されます。

自宅のLANでは、デフォルトゲートウェイ、DHCPサーバー、DNSサーバーのIPアドレスが、すべて同じになっているでしょう。筆者の自宅のLANでは、どれも192.168.2.1です。これは、デフォルトゲートウェイであるルーターがDHCPサーバーとDNSサーバーの機能を持っているからです。小規模な自宅のLANであれば、このままで問題ありません。大規模な企業のLANでは、ルーターはルーターとして使い、それとは別に、DHCPサーバーとDNSサーバーの役割を持つコンピュータを用意するのが一般的です。

確認 4：デフォルトゲートウェイに PING を送る

今度は、pingというネットワークコマンドを使ってみましょう。pingは、通信相手に応答を要求します。応答が返ってくれば、通信相手が動作中であることを確認できます。ここでは、LAN内のデフォルトゲートウェ

*6　ドメイン名とは、Webサーバーを識別するwww.nikkeibp.co.jpや、XXX@nikkeibp.co.jpというメールアドレスのnikkeibp.co.jpの部分のことです。

```
192.168.2.1 からの応答: バイト数 =32 時間 <1ms TTL=64
192.168.2.1 からの応答: バイト数 =32 時間 <1ms TTL=64
192.168.2.1 からの応答: バイト数 =32 時間 <1ms TTL=64
192.168.2.1 からの応答: バイト数 =32 時間 <1ms TTL=64
```

図 9.6　ping で確認したルーターからの応答

イ（最初のルーター）にPINGを送ってみます。「PINGを送る」とは、pingコマンドで通信相手の動作確認をすることです。

以下のように、コマンド プロンプトで、pingの後にスペースで区切ってデフォルトゲートウェイのIPアドレス（ここでは192.168.2.1）を指定すれば、PINGが送られます。

```
ping 192.168.2.1
```

PINGに応答があれば、ルーターは動作しています。PINGは、続けて4回送られるので、4回の応答があるはずです（**図9.6**）。

「バイト数=32」は、通信相手に送ったデータのサイズです。デフォルトで32バイトのデータを送るので、それを受信できていることがわかります。「時間 <1ms」は、応答に要した時間です。同じLAN内のルーターなので、1ms（ミリ秒）以下という短い時間になっています。「TTL=64」は、Time To Live（生存時間）という意味です。TTLに関しては、次の確認5で詳しく説明します。

確認５：TTLの役割を知る

pingの応答で返されたTTLの役割を説明しましょう。インターネットに送り出されたデータは、いくつかのルーターを経由して、受信者にたどり着きます。もしも、受信者が存在しない場合は、どうなるでしょう。

データは、受信者を探して永遠にインターネットをさまよい続けることになります。この問題を防ぐために、ある程度の数だけルーターを経由しても、受信者にたどり着けなかった場合は、受信者が存在しないとして、データが破棄されるようになっています。その数を指定するのが、TTLです。

先ほどの例では、「TTL=64」となっていました。これは、PINGを送ったデフォルトゲートウェイが応答として返したTTLの値です。デフォルトゲートウェイとパソコンは直接つながっているので、TTLの値は減らされていません。したがって、この「TTL=64」は、デフォルトゲートウェイが設定したTTLの初期値です。

TTLの値は、ルーターを1つ経由するたびに1ずつ減らされ、0になるとデータが破棄されるようになっています。それによって、データが永遠にインターネットをさまよい続けることを防げます。これが、TTLの役割です。

ルーターを経由することでTTLの値が減ることを確認してみましょう。そのためには、LAN内ではなく、インターネット上のホストにPINGを送ればよいのです。ここでは、例として日本の首相官邸のWebサーバー[*7]に、PINGを送ってみます。首相官邸のWebサーバーのドメイン名は、www.kantei.go.jpです。以下のように、pingの後にスペースで区切ってドメイン名を指定すれば、PINGが送られます。IPアドレスではなく、ドメイン名を指定できる仕組みは、確認6で説明します。

```
ping www.kantei.go.jp
```

図9.7に、PINGを送った結果として、首相官邸のWebサーバーから

*7　Webサーバーの中には、pingに応答しない設定になっているものもあります。この場合には、PINGを送った結果として「要求がタイムアウトしました。」と表示されます。

```
143.204.86.96 からの応答: バイト数 =32 時間 =8ms TTL=241
143.204.86.96 からの応答: バイト数 =32 時間 =8ms TTL=241
143.204.86.96 からの応答: バイト数 =32 時間 =8ms TTL=241
143.204.86.96 からの応答: バイト数 =32 時間 =7ms TTL=241
```

図 9.7　首相官邸の Web サーバーから返された応答

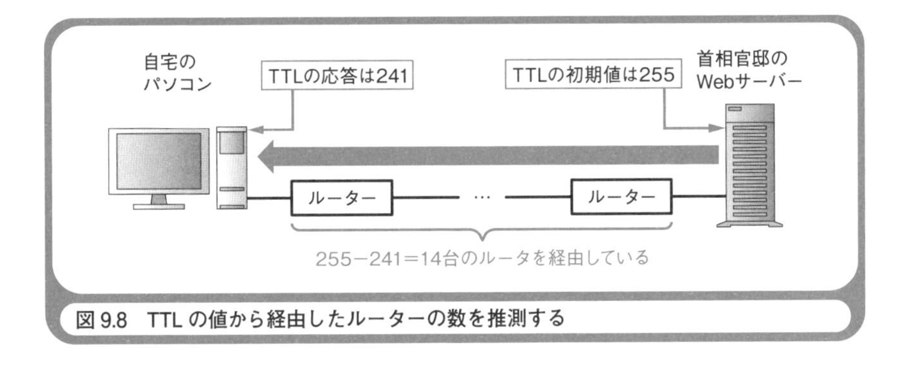

図 9.8　TTL の値から経由したルーターの数を推測する

返された応答を示します。TTLの初期値は、使用しているOSや設定によって違いがあり、64、128、255などがあります。仮に、首相官邸のWebサーバーのTTLの初期値が255だとしたら、応答が「TTL=241」なので、255 − 241 ＝ 14台のルーターを経由していると推測されます（**図9.8**）。

確認6：DNSサーバーの役割を知る

先ほどの確認5で、PINGの宛先にIPアドレスではなくWebサーバーのドメイン名を指定できた仕組みを説明しましょう。インターネット上には、ドメイン名とIPアドレスの対応を記憶している「DNS（Domain Name System）サーバー」が配備されています。「ping www.kantei.go.jp」のようにドメイン名を指定すると、PINGを送る前にDNSサーバーに「www.kantei.go.jpというドメイン名に対応するIPアドレスを教えてください」という問い合わせが行われ、その応答として得られたIPアドレスにPINGが送られるのです。

ドメイン名をIPアドレスに変換することを「名前解決」と呼びます。インターネット上には、数多くのDNSサーバーがあります。1つのDNSサーバーで名前解決ができない場合は、他のDNSサーバーへ問い合わせるようになっています。筆者の自宅のネットワークでは、ルーターがDNSサーバーを兼務しています。このルーターには、www.kantei.go.jpというドメイン名に対応するIPアドレスの情報はありません。ルーターのDNSサーバーは、他のDNSサーバーに問い合わせて、www.kantei.go.jpに対応するIPアドレスを得ているのです。pingだけでなく、Webブラウザでwww.kantei.go.jpを閲覧するときも、DNSサーバーへの問い合わせが行われています。

nslookupというネットワークコマンドを使うと、DNSサーバーへの問い合わせを行うことができます。www.kantei.go.jpのIPアドレスを問い合わせてみましょう。以下のように、nslookupの後にスペースで区切ってドメイン名を指定し、さらにスペースで区切ってDNSサーバーのIPアドレス（ここではDNSサーバーを兼務しているルーターのIPアドレスの192.168.2.1）を指定します。

```
nslookup www.kantei.go.jp 192.168.2.1
```

図9.9に、DNSサーバーへの問い合わせの結果を示します。「権限のない回答」は、他のDNSサーバーに問い合わせた回答であるという意味です。「名前：」の後にあるwww.kantei.go.jpが問い合わせたドメイン名で、「Addresses」の後にある143.204.86.33、143.204.86.96、143.204.86.70、143.204.86.78がドメイン名に対応するIPアドレス[*8]です。IPアドレスが

＊8 nslookupを実行したタイミングよって、ここに示したものとは別のIPアドレスが表示される場合もあります。

```
権限のない回答:
名前:    www.kantei.go.jp
Addresses:  143.204.86.33
          143.204.86.96
          143.204.86.70
          143.204.86.78
```

図9.9　DNSサーバーへの問い合わせの結果

複数あるのは、同じドメイン名を持つWebサーバーが複数あるからです。

確認7：IPアドレスとMACアドレスの対応を見る

繰り返し説明しますが、LANとLANの間をつないだものがインターネットです。LANとインターネットでは、プロトコルが違うので、送信者と受信者の識別番号も違います。イーサネットのLANの識別番号はMACアドレスであり、インターネットの識別番号はIPアドレスです。ここで、1つ疑問に思ってほしいことがあります。それは、たとえば、「インターネット上のWebサーバーから返された応答の宛先を、IPアドレスからMACアドレスにどのように対応付けるのか？」ということです。インターネットからLANに入ったら、識別番号をIPアドレスからMACアドレスに変換しなければなりません。

この変換は、「ARP（Address Resolution Protocol、アープ）」という仕組みで実現されています。ARPの仕組みは面白いものです。LAN内のすべてのホストに向かって、たとえば「192.168.1.101というIPアドレスのホストはありますか？　あればMACアドレスを返してください」という問い合わせを行います。LAN内のすべてのホストに一斉に問い合わせることを「ブロードキャスト（broad cast、一斉同報）」[*9]と呼びます。ブロー

＊9　このブロードキャストは、LAN内なので、MACアドレスを使って行われます。ブロードキャストを意味するMACアドレスは、FF-FF-FF-FF-FF-FFです。

ドキャストに対して何らかのホストが応答してきたら、IPアドレスをMACアドレスに変換できます。

インターネットから返された応答をLAN内のホストに渡すときは、ルーターがARPを使います。LAN内のホストが、同じLAN内の別のホストと通信するときは、送信元のホストがARPを使います。ただし、IPアドレスに対応するMACアドレスを得るために毎回ブロードキャストを行うのは面倒です。そこで、ホストには、一度得たMACアドレスとIPアドレスの対応情報を記憶する機能があります。この対応情報の記憶を「ARPテーブル」と呼びます。

arpというネットワークコマンドを使うと、パソコン内にあるARPテーブルを見ることができます。以下のように、arpの後にスペースで区切って -a を指定してください。-aは、ARPテーブルの内容を表示することを意味します。

```
arp -a
```

図9.10に、ARPテーブルの内容の例(一部)を示します。「インターネットアドレス」の部分がIPアドレスで、「物理アドレス」の部分がMACアドレスです。「種類」の部分が「動的」となっているのは、ARPによって得た対応が一時的に記憶されていることを意味しています。あらかじめ設定されている時間が経過すると、動的な対応が削除され、再度ARPに

```
インターネット アドレス  物理アドレス          種類
192.168.2.1              00-90-fe-b1-83-d0    動的
192.168.2.100            c0-f8-da-24-fb-6f    動的
```

図9.10　ARPテーブルの内容の例（一部）

よる問い合わせが行われます。

192.168.2.1は、筆者の自宅のLANのルーターのIPアドレスです。192.168.2.100は、筆者の自宅のLANのプリンタのIPアドレスです。筆者のパソコンは、ルーターやプリンタと通信するために、ARPを使ってIPアドレスに対応するMACアドレスを得ていたのです。LANにおけるホストの識別番号は、MACアドレスだからです。

TCPの役割とTCP/IPネットワークの階層

最後に補足説明をさせていただきます。TCP/IPという言葉は、TCPとIPの2つのプロトコルを一緒に使っていることを意味します。 IPは、これまでに説明してきたように、データの送信者と受信者をIPアドレスで識別して、いくつかのルーターを経由してデータを送るためのプロトコルです。TCPは、データの送信者と受信者がお互いに相手の確認を取り合いながら、確実にデータを受け渡すためのプロトコルです。このようなデータの送信方式を「ハンドシェイク(handshake、握手)」と呼びます(**図9.11**)。

プロトコルという言葉がピンと来ないという人もいるでしょう。プロトコルは、通信における約束事です。送信者と受信者が 同じ約束事を守るからこそ、相互にデータが送り合えるのです。約束事を守るとは、決

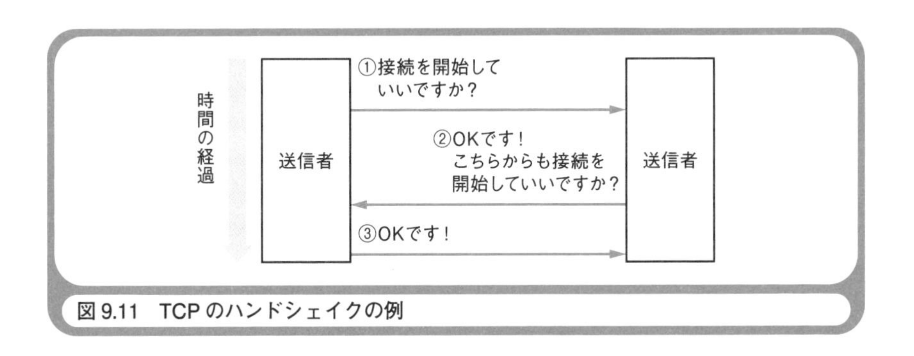

図9.11 TCPのハンドシェイクの例

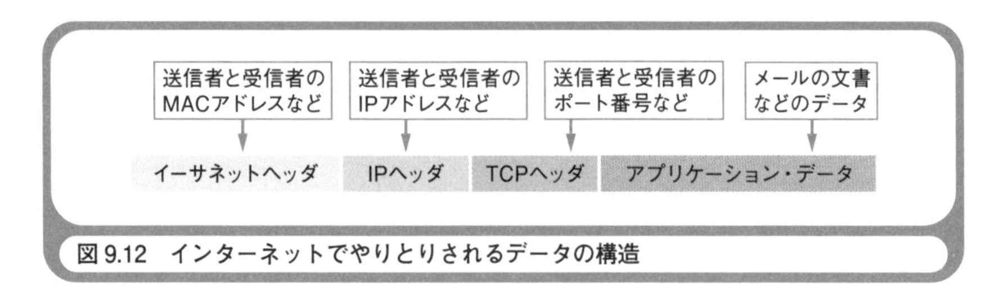

図 9.12　インターネットでやりとりされるデータの構造

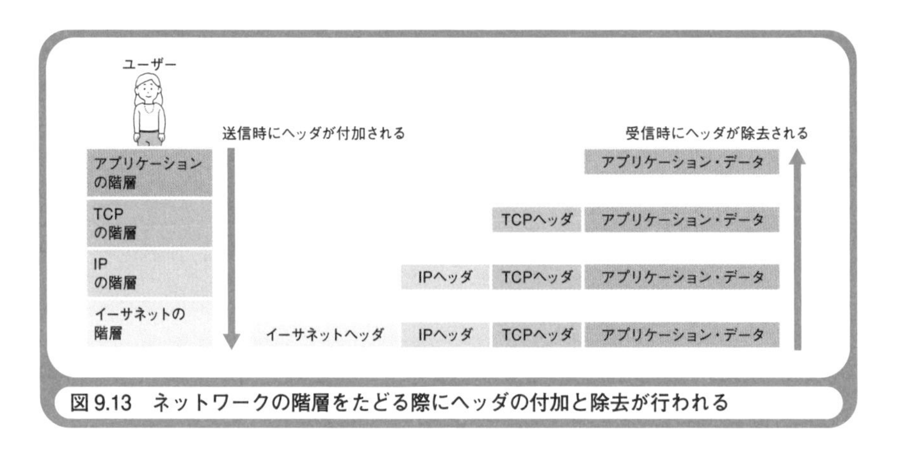

図 9.13　ネットワークの階層をたどる際にヘッダの付加と除去が行われる

められた形式のデータを決められた手順で送ることです。私たちがキーボードから打ち込んだメールの文書などのデータ（アプリケーション・データ）は、そのまま送信されるわけではありません。TCP、IP、そしてイーサネットの約束事を守るための情報である「TCPヘッダ」「IPヘッダ」「イーサネットヘッダ」[*10]が付加されて送信されます。それぞれのヘッダには、それぞれのプロトコルで送信者と受信者の識別情報などがあります。ヘッダは、宅配便の送り状のようなものです。

図9.12に、インターネットでやりとりされるデータの構造を示します。TCPの識別番号は「ポート番号」と呼ばれます。MACアドレスとIPアド

＊**10**　「ヘッダ（header）」とは、頭に付けるデータという意味です。

レスがホストを識別するものであったのに対し、ポート番号はWebブラウザやメールソフトなどのプログラムを識別します。

ネットワークの仕組みは、階層化されていると考えられます。私たちがアプリケーションを使って作成したデータは、TCPの階層→IPの階層→イーサネットの階層とたどって、ケーブルから送信されます。階層をたどる際に、それぞれのヘッダが付加されます。逆に、ケーブルから受信したデータは、イーサネットの階層→IPの階層→TCPの階層とたどって、アプリケーションに渡されます。階層をたどる際に、それぞれのヘッダが除去されます（**図9.13**）。

☆　　☆　　☆

いかがでしたか。いままで何気なく利用していたネットワークの仕組みがわかると、ちょっと嬉しい気分になったでしょう。ここでは、ipconfig、ping、nslookupを使いましたが、興味があれば、他のネットワークコマンドも使ってみてください。ネットワークの理解が、ますます深まるはずです。実際に確認して得た知識は、確実に身に付き、決して忘れないでしょう。

次の第10章では、セキュリティで重要な「暗号化とディジタル署名の仕組み」を説明します。どうぞお楽しみに！

第10章

データを暗号化してみよう

ウォーミングアップ

本文を読む前に、ウォーミングアップとして以下のクイズに挑戦してください。

初級問題

暗号文を平文に戻すことを何と呼びますか？

中級問題

「A」という文字の文字コード（ASCIIコード）に「3」を加えると、何という文字になりますか？

上級問題

ディジタル署名で使われるハッシュ値とは何ですか？

いかがだったでしょうか。改めて聞かれると、簡潔に答えられない問題もあったでしょう。答えと解説を以下に示しておきます。

初級問題：復号と呼びます。

中級問題：「D」になります。

上級問題：ディジタル署名の対象となる文書全体から算出された数値のことです。

解説

初級問題：暗号化と復号の具体例を本文で紹介します。

中級問題：アルファベットの文字コードは文字の順番に並んでいるので、Aという文字コードに3を加えると、A→B→C→DでDになります。

上級問題：文書全体から算出されたハッシュ値から、文書の改ざんをチェックできます。暗号化されたハッシュ値がディジタル署名になります。

これまでの章では、少々堅苦しいテーマが続いてしまいましたね。この章は、ちょっとだけコーヒーブレイクにしましょう。どうぞ軽い気持ちでお読みください。テーマは、データの暗号化です。社員同士を結ぶ社内LANなら、データを暗号化する必要はあまりないかもしれません[*1]。しかし、世界中の企業や個人を結んでいるインターネットでは、データを暗号化すべき場面が多々あります。たとえば、Webショップで買い物をしたときに入力するクレジットカードの番号は、暗号化すべきデータの代表です。もしも、番号を暗号化しないで送信すると、それをインターネットに接続している誰かに盗まれてしまい、勝手に利用されてしまう恐れがあります。このようなWebショップのURLは、通信に暗号化を使うことを示す「https://」で始まっているのが一般的です。皆さんは、知らず知らずの内に暗号化のお世話になっています。

ところで、どうやってデータを暗号化するのでしょう。実に興味深いことですね。Pythonというプログラミング言語を使って、実際に暗号化を行うプログラムを作って調べてみましょう。記事を読むだけでなく、ぜひプログラムの動作を確認してください。暗号化はゾクゾクするほど楽しいものですよ!

暗号化とは何かをちょっと確認

暗号化の対象となるデータには、文書や画像などさまざまな形式のものがあります。ただし、コンピュータは、あらゆるデータを数値で表すので、データの形式が違っても暗号化の手法は基本的に同じです。この章では、暗号化の対象を文書データだけとします。

文書データは、さまざまな文字から構成されます。個々の文字には「文字コード」と呼ばれる数値が割り当てられています。「コード(code)」のことを日本語で「符号」と呼びます。文字に何という数値を割り当てるかを規定する文字のコード体系は、ASCIIコード、JISコード、シフトJIS

＊1 もちろん社内LANであっても、無線LANのように盗聴が容易な場合や、人事情報など社員であっても自由に閲覧されることが好ましくないデータは、暗号化するべきです。

コード、EUCコード、Unicode――などいくつかあります。

表10.1に、アルファベットの大文字(A～Z)に割り当てられたASCIIコードの数値を10進数で示しておきます。ASCIIコードを使っているコンピュータなら、たとえば「NIKKEI」という文書データが「78 73 75 75 69 73」という数値列で取り扱われます。この数値列を文字として画面に表示すると、人間が読める「NIKKEI」という文字列になります。このように暗号化されていない状態の文書データを「平文(ひらぶん)」と呼びます。

ネットワークに平文のままで送信すると、データを誰かに盗まれて悪用されてしまう恐れがあるので、暗号化して「暗号文」にするのです。もちろん暗号文も数値列です。ただし暗号文を画面に表示すると、意味不明の文字列に見えます。

表10.1 A～Zを表すASCIIコード

文字	コード	文字	コード
A	65	N	78
B	66	O	79
C	67	P	80
D	68	Q	81
E	69	R	82
F	70	S	83
G	71	T	84
H	72	U	85
I	73	V	86
J	74	W	87
K	75	X	88
L	76	Y	89
M	77	Z	90

暗号化には、さまざまな手法がありますが、基本となるのは平文を構成する個々の文字の文字コードを他の数値に変換することです。暗号化された文書データは、逆の変換することで元に戻せます。暗号文を平文に戻すことを「復号」[*2]と呼びます。

文字コードをずらす暗号化

暗号化の概念と用語の解説はこのくらいにして、実際にプログラムを動かして試してみましょう。**リスト10.1**は、暗号化を行うプログラムの一例です。プログラムの内容を詳しく理解する必要はありません。何となく雰囲気をつかんでいただければOKです（これ以降で示すプログラムでも同様です）。ここでは、文書データを構成する個々の文字の文字コードを3つずらす（文字コードに3を加える）という手法で暗号化を行っています。プログラムを実行すると「平文を入力してください-->」と表示されます。「NIKKEI」と入力して「Enter」キーを押すと、「QLNNHL」と表示されます。この「QLNNHL」が暗号文です。「QLNNHL」なら、誰かに盗まれても「NIKKEI」と意味していることがわかりませんね（**図10.1**）。

文字コードを3つずらして暗号化したのですから、逆方向に3つずらせ

リスト10.1　文字コードに3を足して暗号化する

```
hirabun = input("平文を入力してください-->")
angobun = ""
kagi = 3
for moji in hirabun:
    angobun += chr(ord(moji) + kagi)
print(angobun)
```

＊2　復号は、鍵を知っている人が暗号文を平文に戻すことです。鍵を知らない人が、試行錯誤して暗号文を平文に戻すことを解読と呼びます。鍵とは、暗号化と復号で使われる数値のことです。

```
平文を入力してください-->NIKKEI
QLNNHL
```

平文 / 暗号文

図 10.1 リスト 10.1 の実行結果の例

ば復号できます。**リスト10.2**は、復号を行うプログラムです。暗号化するプログラムとは逆に、文字コードから3を引いて復号します。プログラムを実行すると「暗号文を入力してください-->」と表示されます。「QLNNHL」と入力して「Enter」キーを押すと、「NIKKEI」という平文が表示されます。なかなか面白いでしょう(**図10.2**)。

3を加えることで暗号化し、3を引くことで復号したわけです。この「3」のように、暗号化や復号に使われる数値のことを「鍵」と呼びます。3という鍵をデータの送信者と受信者だけの秘密にしておきます。3という鍵

リスト 10.2 文字コードから 3 を引いて復号する

```
angobun = input("暗号文を入力してください-->")
hirabun = ""
kagi = 3
for moji in angobun:
    hirabun += chr(ord(moji) - kagi)
print(hirabun)
```

```
暗号文を入力してください-->QLNNHL
NIKKEI
```

暗号文 / 平文

図 10.2 リスト 10.2 の実行結果の例

リスト10.3 XOR演算で暗号化と復号を行う

```
bun1 = input("平文または暗号文を入力してください-->")
bun2 = ""
kagi = int(input("鍵を入力してください-->"))
for moji in bun1:
    bun2 += chr(ord(moji) ^ kagi)
print(bun2)
```

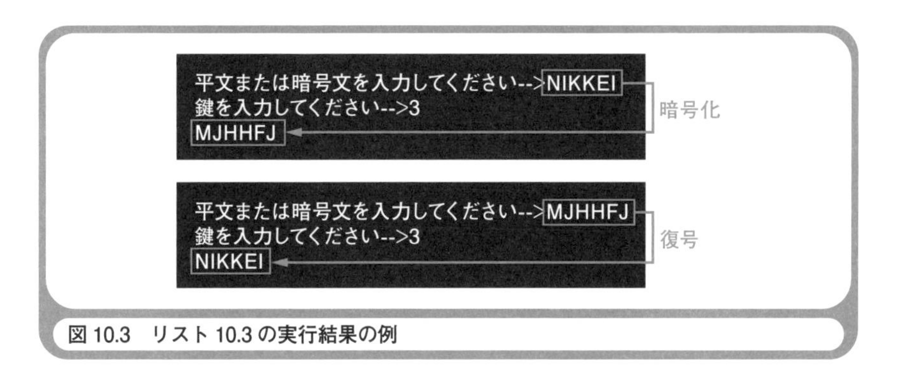

図10.3 リスト10.3の実行結果の例

を知らない人には、暗号文を復号することができません。

もう1つ暗号化のプログラムを作ってみましょう。今度は、個々の文字コードと鍵をXOR演算（exclusive OR、排他的論理和）することで変換します。Pythonでは、XOR演算を「^」で表します（**リスト10.3**）。鍵の値も指定できるようにしましょう。XOR演算の面白いところは、XOR演算で暗号化した暗号文を、同じXOR演算で復号できることです。すなわち、1つのプログラムが暗号化と復号の両方に使えるのです（**図10.3**）。

XOR演算は、データを2進数で表したときに、1に対応する桁を反転（0を1に、1を0に）します。反転して暗号化するのですから、もう一度反転すれば復号できます。3（2進数で00000011）という鍵と「N」（文字コードは2進数で01001110）という文字のXOR演算結果を**図10.4**に示しますので、反転の反転で元に戻ることを確認してください。「N」の文字コー

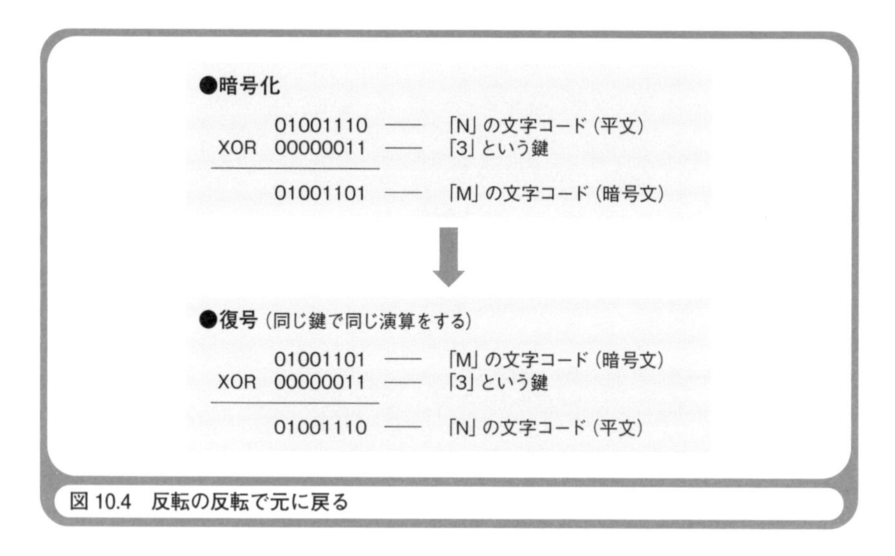

図 10.4　反転の反転で元に戻る

ドと3のXOR演算の結果は、「M」の文字コードになります。「M」の文字コードと3のXOR演算の結果は、「N」の文字コードに戻ります。

鍵の桁数が多いほど解読が困難になる

インターネットのように、不特定多数の人たちが暗号化されたデータを送受信する場合には、暗号化の手法は公開してしまい、鍵の値だけを秘密にするのが一般的です。ところが残念なことに、世の中には悪い人がいます。自分あてではない暗号化されたデータを入手して、それを解読して悪用しようとするのです。鍵の値がわからないので、コンピュータのパワーを利用して、あらゆる値を使って解読を試みます。たとえば、XOR演算で暗号化された「MJHHFJ」という暗号文は、鍵の値を0～9まで手当たり次第に試すプログラムで解読されてしまいます（**リスト10.4**、**図10.5**）。

インターネットでは、暗号化されたデータが盗まれるのを防ぐことができません。そこで、たとえデータが盗まれても、解読が困難なように

リスト10.4　XOR演算による暗号文を解読するプログラム

```
bun1 = input("暗号文を入力してください -->")
for kagi in range(0, 10, 1):
    bun2 = ""
    for moji in bun1:
        bun2 += chr(ord(moji) ^ kagi)
    print(f"鍵{kagi}：{bun2}")
```

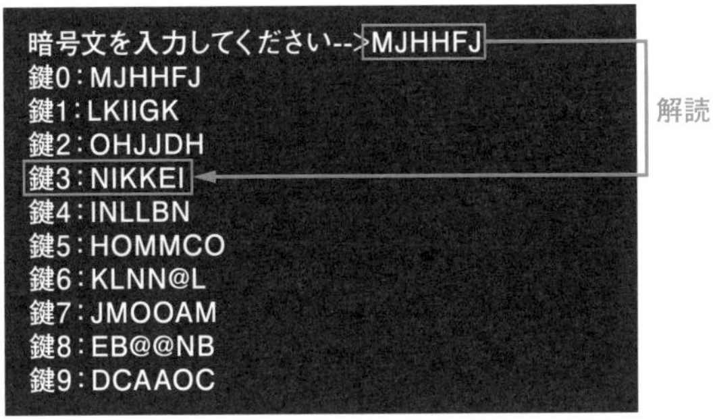

```
暗号文を入力してください-->MJHHFJ
鍵0：MJHHFJ
鍵1：LKIIGK
鍵2：OHJJDH
鍵3：NIKKEI
鍵4：INLLBN
鍵5：HOMMCO
鍵6：KLNN@L
鍵7：JMOOAM
鍵8：EB@@NB
鍵9：DCAAOC
```


図10.5　リスト10.4の実行結果の例

しておきます。そのためには、鍵の桁数を多くすればよいのです。1桁の3ではなく345という3桁の鍵でXOR演算を行って暗号化してみましょう。ここでは、平文の1番目の文字は3とXOR演算し、2番目の文字は4とXOR演算し、3番目の文字は5とXOR演算します。4番目以降の文字は、3とXOR演算、4とXOR演算、5とXOR演算…と繰り返します（**リスト10.5、図10.6**）。

1桁の鍵では0～9の10通りの試行で解読されてしまいますが、3桁の鍵なら000～999の1000通りになります。さらに桁数を増やして10桁の鍵にしたらどうでしょう。10の10乗＝100億通りの試行が必要になります。鍵を1桁増やすごとに、解読の試行は10倍されていきます。もしも、

リスト10.5　3桁の鍵とXOR演算で暗号化と復号を行う

```
bun1 = input("平文または暗号文を入力してください -->")
bun2 = ""
kagi = [3, 4, 5]
n = 0
for moji in bun1:
    bun2 += chr(ord(moji) ^ kagi[n])
    n = (n + 1) % 3
print(bun2)
```

```
平文または暗号文を入力してください-->NIKKEI
MMNHAL
```

平文

暗号文

図10.6　リスト10.5の実行結果の例

20桁の鍵にしたら、100億×100億通りの試行が必要になります。これなら、高速なコンピュータを使っても、解読は不可能だと言えるでしょう。

暗号化と復号で異なる鍵を使う公開鍵暗号方式

これまでに説明してきた暗号化手法は「共通鍵暗号方式」と呼ばれるものです。共通鍵暗号方式の特徴は、暗号化と復号で同じ値の鍵を使うことです。したがって、鍵の値を送信者と受信者だけの秘密にしておかなければなりません（**図10.7**の(1)）。鍵の桁数が多ければ解読を困難にできますが、事前に送信者から受信者に鍵の値をこっそり知らせる手段を考えなければなりません。書留郵便で鍵の値を知らせましょうか？　それでは、もしも通信相手が100人いたら、100通の郵便を送ることになり面倒です。鍵を送る時間もかかります。インターネットは、世界中の大勢の人たちと、リアルタイムに情報交換できることに意味があるはずです。したがって「共通鍵暗号方式」は、そのままではインターネットに適して

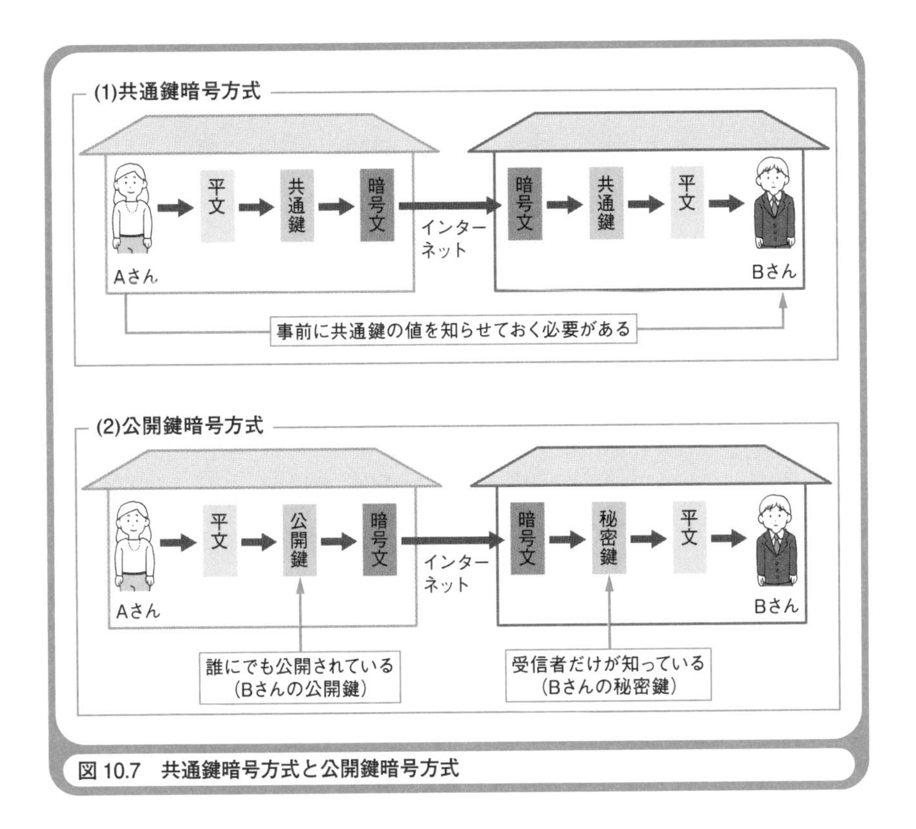

図10.7　共通鍵暗号方式と公開鍵暗号方式

いません。

世の中には、素晴らしいことを思い付く人がいるものです。共通鍵暗号方式の問題は、暗号化の鍵と復号の鍵を異なる値にすることで解決できるのです。このような暗号化手法を「公開鍵暗号方式」と呼びます。

公開鍵暗号方式では、暗号化の鍵を「公開鍵」として世界中に知らせてしまいます。復号の鍵は「秘密鍵」として自分だけの秘密にします。たとえば、私の公開鍵が3で、秘密鍵が7だとしましょう（実際には、もっと桁数の多い2つの値のペアを鍵とします）。私は、インターネットを使って世界中に「矢沢久雄の公開鍵は3ですよ」と公開します。皆さんが私にデータを送る場合は、公開鍵3を使って暗号化します。この暗号文が誰かに盗まれたとしても、秘密鍵がわからなければ復号できません。安全なのです。暗号文を受け取った私は、私だけが知っている秘密鍵7を使って復号します（図10.7の(2)）。どうです。素晴らしい手法でしょう！

公開鍵暗号方式で、暗号化と復号で異なる鍵を使えることを不思議に思うでしょう。たとえば、3という鍵を足して暗号化するなら、同じ3という鍵を引いて復号することになります。3という鍵でXOR演算して暗号化するなら、同じ3という鍵でXOR演算して復号することになります。異なる鍵で暗号化と復号を行う計算方法などあるのでしょうか？

公開鍵暗号方式の仕組みを、シンプルな例で説明しましょう。**図10.8**は、1～10の数値（平文の文字コードだとします）を1～25でべき乗して55で割った余りを示したものです。さまざまな数値になっていますが、21乗して55で割った余りに注目してください。1～10になっています。つまり、1～10を21乗して55で割った余りは、元の1～10と同じになるのです。

さて、ここからがポイントです。21＝3×7なので、21乗を3乗と7乗に分けて行うことができます。たとえば、「5を21乗して55で割った余り」

1～25乗して55で割った余り

1～10のデータ

	1	2	3	4	5	6	7	8	9	10	11	12	13	14	15	16	17	18	19	20	21	22	23	24	25
1	1	1	1	1	1	1	1	1	1	1	1	1	1	1	1	1	1	1	1	1	1	1	1	1	1
2	2	4	8	16	32	9	18	36	17	34	13	26	52	49	43	31	7	14	28	1	2	4	8	16	32
3	3	9	27	26	23	14	42	16	48	34	47	31	38	4	12	36	53	49	37	1	3	9	27	26	23
4	4	16	9	36	34	26	49	31	14	1	4	16	9	36	34	26	49	31	14	1	4	16	9	36	34
5	5	25	15	20	45	5	25	15	20	45	5	25	15	20	45	5	25	15	20	45	5	25	15	20	45
6	6	36	51	31	21	16	41	26	46	1	6	36	51	31	21	16	41	26	46	1	6	36	51	31	21
7	7	49	13	36	32	4	28	31	52	34	18	16	2	14	43	26	17	9	8	1	7	49	13	36	32
8	8	9	17	26	43	14	2	16	18	34	52	31	28	4	32	36	13	49	7	1	8	9	17	26	43
9	9	26	14	16	34	31	4	36	49	1	9	26	14	16	34	31	4	36	49	1	9	26	14	16	34
10	10	45	10	45	10	45	10	45	10	45	10	45	10	45	10	45	10	45	10	45	10	45	10	45	10

21乗して55で割った余りは、元の1～10と同じになる

図10.8　1～10を1～25でべき乗して55で割った余り

3乗して55で割った余りで暗号化する

	1	2	3	4	5	6	7	8	9	10	11	12	13	14	15	16	17	18	19	20	21	22	23	24	25
1	1	1	1	1	1	1	1	1	1	1	1	1	1	1	1	1	1	1	1	1	1	1	1	1	1
2	2	4	8	16	32	9	18	36	17	34	13	26	52	49	43	31	7	14	28	1	2	4	8	16	32
3	3	9	27	26	23	14	42	16	48	34	47	31	38	4	12	36	53	49	37	1	3	9	27	26	23
4	4	16	9	36	34	26	49	31	14	1	4	16	9	36	34	26	49	31	14	1	4	16	9	36	34
5	5	25	15	20	45	5	25	15	20	45	5	25	15	20	45	5	25	15	20	45	5	25	15	20	45
6	6	36	51	31	21	16	41	26	46	1	6	36	51	31	21	16	41	26	46	1	6	36	51	31	21
7	7	49	13	36	32	4	28	31	52	34	18	16	2	14	43	26	17	9	8	1	7	49	13	36	32
8	8	9	17	26	43	14	2	16	18	34	52	31	28	4	32	36	13	49	7	1	8	9	17	26	43
9	9	26	14	16	34	31	4	36	49	1	9	26	14	16	34	31	4	36	49	1	9	26	14	16	34
10	10	45	10	45	10	45	10	45	10	45	10	45	10	45	10	45	10	45	10	45	10	45	10	45	10

7乗して55で割った余りで復号する

図10.9 公開鍵暗号方式の仕組み

は元の5と同じになりますが、これを「5を3乗して55で割った余りの15を求める」と「15を7乗して55で割った余りの5を求める」に分けて行うことができます。つまり、3を公開鍵として「平文を3乗して55で割った余りを求める」という計算が暗号化になり、7を秘密鍵として「暗号文を7乗して55で割った余りを求める」という計算が復号になるのです。これが、公開鍵暗号方式の仕組みです[*3]（**図10.9**）。ここでは、3、7、55という値で計算をしていますが、これらの値は、数学的なルールによって求めたものです。やや面倒なルールなので、ここでは説明を省略しますが、興味がある人は、ぜひ調べてみてください。

公開鍵暗号方式を応用したディジタル署名

先ほど説明した公開鍵暗号方式の仕組みで、さらに注目してほしいポイントがあります。21＝3×7は、21＝7×3でもあります。これまでの例では、3乗してから7乗して元に戻しましたが、逆に7乗してから3乗

＊3 公開鍵暗号方式の計算手順には、いくつかの方式があります。ここで、示しているのは、「RSA暗号」という公開鍵暗号方式で使われている計算手順です。

して元に戻すこともできます。つまり、3という公開鍵で暗号化すれば7という秘密鍵で復号できますが、逆に7という秘密鍵で暗号化すれば3という公開鍵で復号できます。これを応用して「ディジタル署名」が実現されています。

ディジタル署名は、本人であることを証明するサインや印鑑に相当するものです。ディジタル署名は、本人の証明だけでなく、文書の内容に改ざんがないことも証明できます。ディジタル署名の実体は、文書を構成するすべての文字の文字コードを使って計算された「ハッシュ値」[*4]を、送信者の秘密鍵で暗号化したものです。

シンプルな例で、ディジタル署名の仕組みを説明しましょう。送信者であるAさんが「NIKKEI」という文書を、受信者であるBさんに送るとしましょう。その際に、Aさんは、送信者がAさんであることの証明と、文書に改ざんがないことの証明として、ディジタル署名を添付します。ここでは、文書自体は暗号化しません。以下の手順で、Aさんがディジタル署名を作成し、Bさんがディジタル署名を検証します。ここでは、文書を構成するすべての文字の文字コードを足した値を10で割った余りをハッシュ値としていますが、実用的なディジタル署名では、もっと複雑な計算を行います。計算式のなかにある「Mod」は、割り算の余りを求めることを意味します。

【送信者であるAさん】

(1)「NIKKEI」という平文を作る

(2) 公開鍵の3と秘密鍵の7を用意する

(3) 平文のハッシュ値を求める

N (78) + I (73) + K (75) + K (75) + E (69) + I (73) = 443

＊4　ハッシュ値のハッシュ (hush) とは、「ごった混ぜ」という意味です。文書を構成するすべての文字の文字コードを、ごった混ぜにして作られた値なのでハッシュ値と呼ぶのです。

443 Mod 10 ＝ 3・・・ハッシュ値

(4) ハッシュ値の3を秘密鍵の7で暗号化する

3^7 Mod 55 ＝ 42・・・ディジタル署名

(5) Bさんに平文の「NIKKEI」、ディジタル署名の42、公開鍵の3を送る[*5]

【受信者であるBさん】

(1) Aさんから平文の「NIKKEI」、ディジタル署名の42、公開鍵の3を受け取る

(2) 平文のハッシュ値を求める[*6]

N (78) ＋I (73) ＋K (75) ＋K (75) ＋E (69) ＋I (73) ＝ 443

443 Mod 10 ＝ 3・・・計算で得たハッシュ値

(3) ディジタル署名の42を公開鍵の3で復号する

42^3 Mod 55 ＝ 3・・・復号で得たハッシュ値

(4) 計算で得たハッシュ値の3と、復号で得たハッシュ値の3を比較すると、両者が一致するので、送信者がAさん本人であることと、文書に改ざんがないことを証明できる

この手順で、どうしてAさんが本人であることの証明と、文書に改ざんがないことの証明ができるかわかりますか？ Aさんの公開鍵で暗号化されたハッシュ値（ディジタル署名）を復号できたのは、ハッシュ値がAさんの秘密鍵で暗号化されているからです。Aさんの秘密鍵は、Aさんし

＊5　実用的なディジタル署名では、公開鍵を送るのではなく、信頼できる認証局が発行した公開鍵証明書を送ります。Aさんの公開鍵証明書は、Aさんの情報、Aさんの公開鍵の値、認証局の情報などを、認証局の秘密鍵で暗号化したものです。Bさんは、認証局の公開鍵を使って公開鍵証明書を復号して、Aさんの公開鍵を得ます。認証局の公開鍵は、あらかじめBさんに知らされているとします。公開鍵証明書は、実印の印鑑証明書に似ています。認証局は、印鑑証明書を発行する役所に相当します。

＊6　ハッシュ値の計算方法は、秘密ではなく、あらかじめ知られているとします。

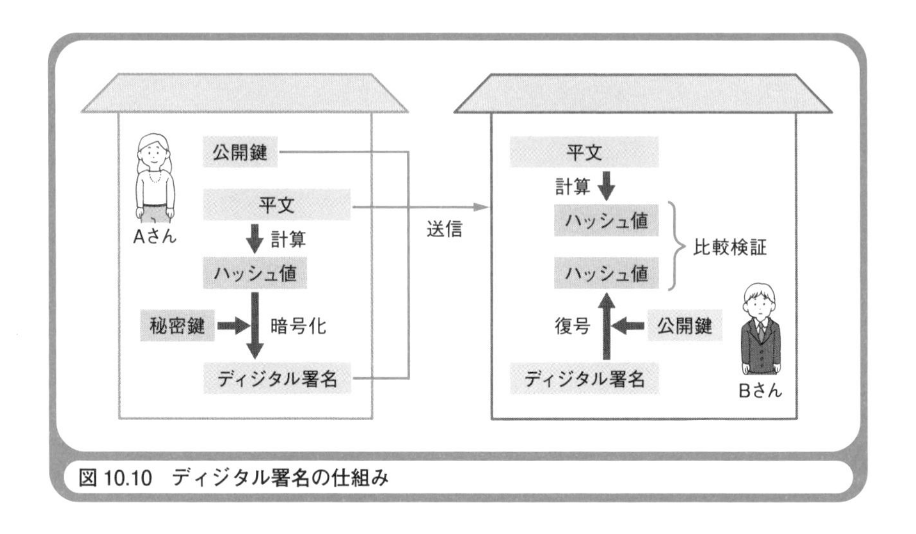

図 10.10　ディジタル署名の仕組み

か知らないので、Aさんであることが証明できます。計算で得たハッシュ値と復号で得たハッシュ値がどちらも3であり一致したのは、文書に改ざんがないからです。もしも、たとえば「NIKKEI」が「NIKKEN」に改ざんされていたら(末尾のIがNに改ざんされています)、計算で得たハッシュ値が8になり、復号で得たハッシュ値の3と一致しません。**図10.10**にディジタル署名の仕組みをまとめておきます。

☆　☆　☆

共通鍵暗号方式には「計算が単純なので処理が速いが、鍵をネットワークで送れない」という特徴があります。公開鍵暗号方式には「計算が複雑なので処理が遅いが、暗号化の鍵をネットワークで送れる」という特徴があります。両者の長所を組み合わせた「ハイブリッド方式」もあります。通信の最初に、処理の遅い公開鍵暗号方式を使って、共通鍵を暗号化して送ります。それ以降は、処理の速い共通鍵を使って、必要なだけデータを暗号化して送ります。これなら、速くて安全です。なかなか上手い方法ですね。ハイブリッド方式は、Webページの暗号化で使われています。

次の第11章では、汎用的なデータ形式である「XML」を説明します。どうぞお楽しみに！

第11章

そもそもXMLって何だっけ

ウォーミングアップ

本文を読む前に、ウォーミングアップとして以下のクイズに挑戦してください。

初級問題

XMLは何の略語ですか？

中級問題

HTMLとXMLの違いは何ですか？

上級問題

XML文書を処理するコンポーネントでW3C勧告となっているものは何ですか？

いかがだったでしょうか。改めて聞かれると、簡潔に答えられない問題もあったでしょう。答えと解説を以下に示しておきます。

初級問題：Extensible Markup Language（拡張可能なマークアップ言語）の略語です。

中級問題：HTMLは、Webページを記述するためのマークアップ言語です。XMLは、任意のマークアップ言語を定義するためのメタ言語です。

上級問題：DOM（Document Object Model）です。

解説

初級問題：マークアップ言語は、タグを使ってデータに意味付けをします。

中級問題：新たな言語を定義するための言語をメタ言語と呼びます。XMLによってさまざまな言語が定義されています。

上級問題：コンポーネントとは、プログラムを作るときに利用できる部品のことです。数多くのプログラミング言語がDOMに対応しています。

コンピュータ業界にいて「XML」という言葉を聞いたことがない人は、おそらくいないでしょう。皆さんはきっと、XML（エックス・エム・エル）という言葉を知っています。そして、誕生から20年以上を経たXMLという技術が、さまざまな分野に幅広く浸透していることも知っているはずです。たとえば、このアプリケーションはXML形式でファイルを保存できる。この DBMS（データベース管理システム）はXMLに対応する。このWebサービスはXMLをベースに実現されている——といった具合です。

この章では、XMLってそもそも何だっけ？というお話をします。XMLの規格そのものは、実にシンプルで汎用的です。だからこそ、さまざまに拡張され、さまざまな場面で利用されているのです。今後も、XMLは、どんどん進化していくと思われますが、この機会に、あらためて基礎知識を整理しておきましょう。

XMLはマークアップ言語である

XMLという言葉の意味から説明を始めましょう。XMLは、Extensible Markup Languageの略で、直訳すると「拡張可能なマークアップ言語」です。まず「マークアップ言語」とは何かを説明します。「拡張可能」に関しては、すぐ後で説明します。

皆さんは、すでにマークアップ言語のお世話になっています。たとえば、Webページを記述するためのHTML（Hypertext Markup Language）です。HTMLはマークアップ言語の一種なのです。**図11.1**を見てください。このWebページの実体は、日経BPのWebサーバーに配置されたindex.htmlというHTMLファイルです。HTMLファイルは、一般的にファイル名の拡張子を「.html」にします。

Webブラウザ（ここでは、Google Chromeを使っています）の画面を右クリックして表示されるメニューから「ページのソースを表示」を選択す

図 11.1　日経 BP の Web ページ。このページの実体は HTML ファイルである

図 11.2　図 11.1 で表示したページの HTML ソースを表示したところ

ると、index.htmlのソースが表示されます。ソースとは、Webページを表示する元（source＝元）となっている文書のことです（**図11.2**）。

<html>、<head>、<title>、<body>など「<」と「>」で囲まれた部分がたくさんあることがわかるでしょう。これらを「タグ」と呼びます。<html>はHTMLファイルであることを示すタグです。同様に<head>はヘッダーであることを、<title>はWebページのタイトルであることを、<body>はWebページの本体であることを、それぞれ意味付けしています。文字列を太字にする<b>や、Webページに画像を挿入する<img>といったタグもあります。

タグによってデータに意味付けをする行為を「マークアップ」といいます。この意味付けのための約束事を取り決めた言語が「マークアップ言語」です。HTMLは、Webページを記述するためのマークアップ言語です。もっと簡単に言えば、「Webページを記述するのに使用可能なタグを定めたもの」がHTMLです。すなわち、使用可能なタグの種類が、マークアップ言語の仕様を決めていると言えます。HTMLのタグはWebブラウザによって解釈され、ビジュアルなWebページとして表示されます。

XMLは拡張可能である

XMLも、その名が示す通りマークアップ言語の一種です。XMLファイルの拡張子は、一般的に.xmlとします(他の拡張子でもかまいません)。Windowsでもさまざま用途でXMLファイルが使われています。Windows(ここでは、Windows 10 Proを使っています)のエクスプローラーで「C:¥Windows」フォルダを選択し、「検索」の部分に「*.xml」と入力して「Enter」キーを押してください。「*」は任意のファイル名を意味するので、拡張子が.xmlのファイルが検索されます。その結果として、数多くのXMLファイルが見つかるはずです。**図11.3**は、それらの中から適当に選んだXMLファイルを、Windowsのメモ帳で開いたところです[*1]。

＊1 「C:¥Windows」フォルダにあるXMLファイルの多くはWindowsの設定にかかわるものなので、内容を書き換えないでください。

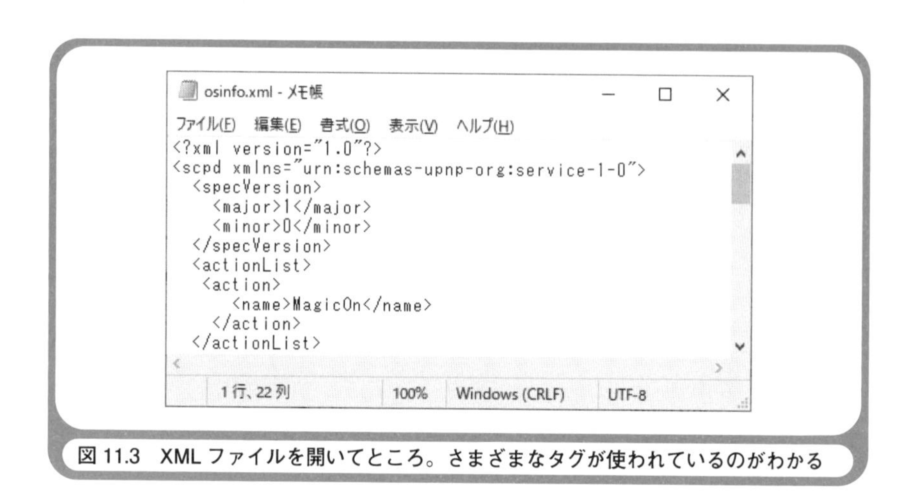

図 11.3 XML ファイルを開いてところ。さまざまなタグが使われているのがわかる

XMLファイルでもタグが使われています。このXMLファイルの中には、<specVersion>、<major>、<minor>などのタグがあります。これらのタグを定めたのがXMLなのでしょうか？ いいえ違います。XML自体は、タグの種類を取り決めるものではありません。XMLの利用者が、自由にタグを作ってよいのです。つまり、「<」と「>」の中に記述する言葉は、何でもよいのです。これが「拡張可能」ということです。 HTMLでは、HTMLで定められた種類のタグしか使えません。HTMLは「固定的なマークアップ言語」です。それに対してXMLは「拡張可能なマークアップ言語」なのです。ちょっと頭が混乱してしまったかもしれませんが、この先の説明を読めば、HTMLとXMLの違いをスッキリと理解できるはずです。

XMLはメタ言語である

XMLでは、どのようなタグを使ってもよいのですから、使い方が固定されているわけではありません。XMLは、タグでマークアップを行うための書式（スタイル）を規定しているだけだと言えます。すなわち、どのような種類のタグを使うかを決めることで、新しいマークアップ言語を作り出せるのです。このように言語を作るための言語のことを「メタ言語」と呼びます。たとえば、<dog>や<cat>というタグを使う「ペット言語」という独自のマークアップ言語を作ることもできます。ただし、XML形式のマークアップ言語である ためには、いくつかの約束事を守らなければ

表 11.1　XML の主な約束事

約束事	例
XML 文書の先頭には、XML のバージョン、文字のエンコード方法を示す「XML 宣言」を記述する	<?xml version="1.0" encoding="UTF-8"?>
情報は、「< タグ名 >」という開始タグと「</ タグ名 >」という終了タグで囲む	<cat> タマ </cat>
タグ名は数字で始まるものではいけない。タグ名 に空白を含めることはできない	<5cat> や <my cat> というタグ名は使えない
半角スペース、改行、TAB は、空白とみなされるので、任意に改行、インデント (字下げ) できる	(図 11.4 を参照)
情報がないことは、「< タグ名 ></ タグ名 >」だけでなく「< タグ名 />」でも表せる	<cat></cat> は、<cat/> と同じ意味である
大文字と小文字は区別される	<cat>、<CAT>、<Cat> は、どれも異なるタグである
タグの中に他のタグを含めて階層構造を表すことができる。ただし、タグの関係が交差してはいけない	<pet><cat> タマ </cat></pet> はよいが、<cat><pet> タマ </cat></pet> はいけない
XML 宣言以下の全体を囲む「ルート要素」と呼ばれるタグが 1 つだけ必要となる	<pet>…他のタグ…</pet>
タグの中に「属性名 =" 値 "」という形式で、任意の属性を付加することができる	<cat type=" 三毛猫 "> タマ </cat>
<、>、&、"、' といった特殊記号を情報としたい場合は、<、>、&、"、' という表現を使う	<cat> タマ & トラ </cat>
「<![CDATA[」と「]]>」で囲めば、<、>、&、"、'、といった特殊記号をそのまま記述できる。特殊記号が多い場合に便利	<cat><![CDATA[タマ & トラ & ミー & ドラ]]></cat>
コメントは、「<!--」と「-->」で囲んで示す	<!-- これはコメントです -->

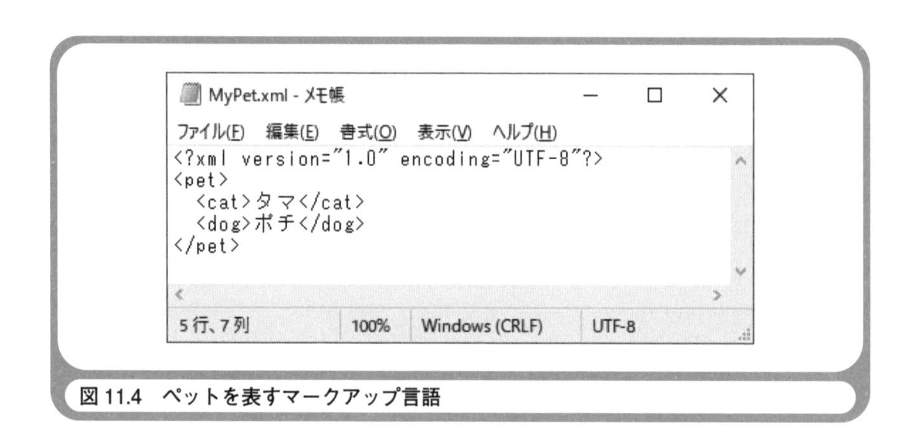

図 11.4　ペットを表すマークアップ言語

ばなりません。でたらめにタグを並べただけでは、XML形式と呼べないのです。**表11.1**に、メタ言語としてのXMLの約束事を示しておきます。とてもシンプルな約束事ですから、ざっと目を通しておいてください。

XMLのデータはテキスト形式です。すなわち、文字だけから構成されます。XMLの約束事を守って記述された文書を「XML文書」と呼び、XML文書をファイルに保存したものを「XMLファイル」と呼びます。XMLファイルは、Windowsのメモ帳などのテキスト・エディタを使って作成できます。

図11.4は、ペットを表すマークアップ言語で記述されたXMLファイルの例です。使用されているタグは、<pet>、<cat>、<dog>の3つです。タグの名前は筆者が独自に考えたものですが、タグの並べ方やXML宣言などの約束事を守っているので、これでも立派なXMLファイルです。XMLの約束事を守って正しくマークアップされている文書を「整形式のXML文書（well-formed XML document）」と呼びます。

XMLはデータに意味付けをする

これで「XMLとは拡張可能なマークアップ言語である」という意味を

ご理解いただけたでしょう。ただし「いったいXMLが何の役に立つのか？」という新たな疑問が生じたはずです。XMLの用途を理解するには、XMLが誕生した経緯を知る必要があります。

ご存知の通り、Webページの登場によってインターネットが普及しました。Webページは、HTMLで定められたタグを使って、文字列や画像をWebブラウザに表示したものです。当たり前のことですが、Webページを見るのは、コンピュータのユーザー、すなわち人間です。ショッピング・サイトなら、人間がWebページを見て、人間が値段を確認し、人間が商品を注文します。

せっかくコンピュータを使っているのですから、複数のショッピング・サイトをチェックして、最も値段の安いショッピング・サイトへ発注するようなプログラムを作って楽をしたいところです。でも、これはHTMLだけではほとんど不可能です。HTMLで定められた各種のタグは、データを表示する方法を指定するだけものであり、データの意味を表していないからです。

例として、**図11.5**のHTMLファイルを見てください。このHTMLファイルをWebブラウザに表示すると、人間には商品番号と商品名と価格が区別できます。1234と19800はどちらも数値ですが、1234が商品番号で、19800が価格だとわかります（**図11.6**）。しかし、HTMLのタグの中には、商品番号と商品名と価格を区別するものなどありません。<table>、<tr>、<td>は、表形式でデータを表示することを意味しているだけです。プログラムが取り扱うデータ形式として、図11.5のHTMLファイルから、商品番号、商品名、価格を区別するのはかなり面倒でしょう。それなら、商品番号と商品名と価格を表す<bango>、<shohinmei>、<kakaku>のようなタグを取り決めたらどうでしょう？　このようなタグでデータの意味を記したファイルを読み込むプログラムは、商品番号、商品名、価格を識別できるはずです。

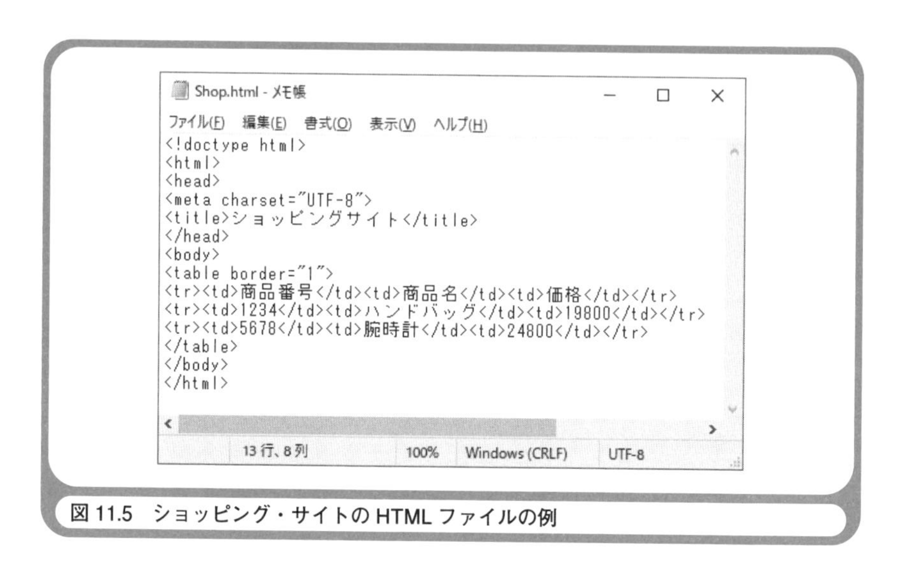

```
<!doctype html>
<html>
<head>
<meta charset="UTF-8">
<title>ショッピングサイト</title>
</head>
<body>
<table border="1">
<tr><td>商品番号</td><td>商品名</td><td>価格</td></tr>
<tr><td>1234</td><td>ハンドバッグ</td><td>19800</td></tr>
<tr><td>5678</td><td>腕時計</td><td>24800</td></tr>
</table>
</body>
</html>
```

図 11.5　ショッピング・サイトの HTML ファイルの例

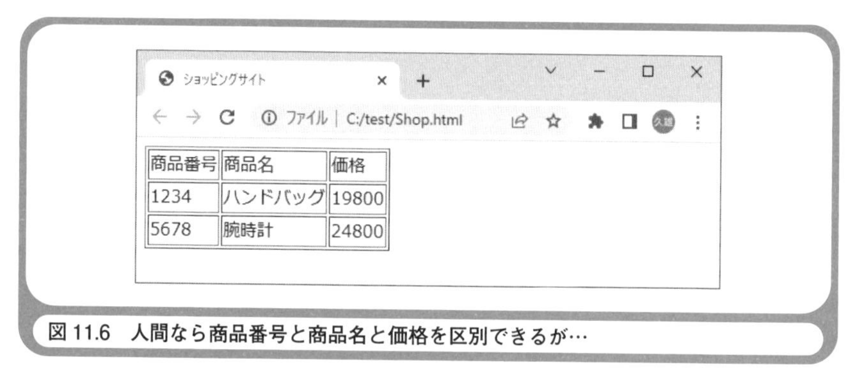

商品番号	商品名	価格
1234	ハンドバッグ	19800
5678	腕時計	24800

図 11.6　人間なら商品番号と商品名と価格を区別できるが…

ビジネスの世界では、さまざまな意味を持ったデータが無数に存在しています。業種が変われば、データの種類も異なります。時代とともに新しい業種も生まれています。あらゆる業種に対応するには、HTMLのタグがいくつあっても足りません。そこで、HTMLの利用方法は、あくまでWebページを表示するというビジュアルな用途に限定しておき、それとは別にXMLというメタ言語が考案されたのです。XMLを使って、業界ごと、もしくは特定の用途ごとに自由にマークアップ言語を作って

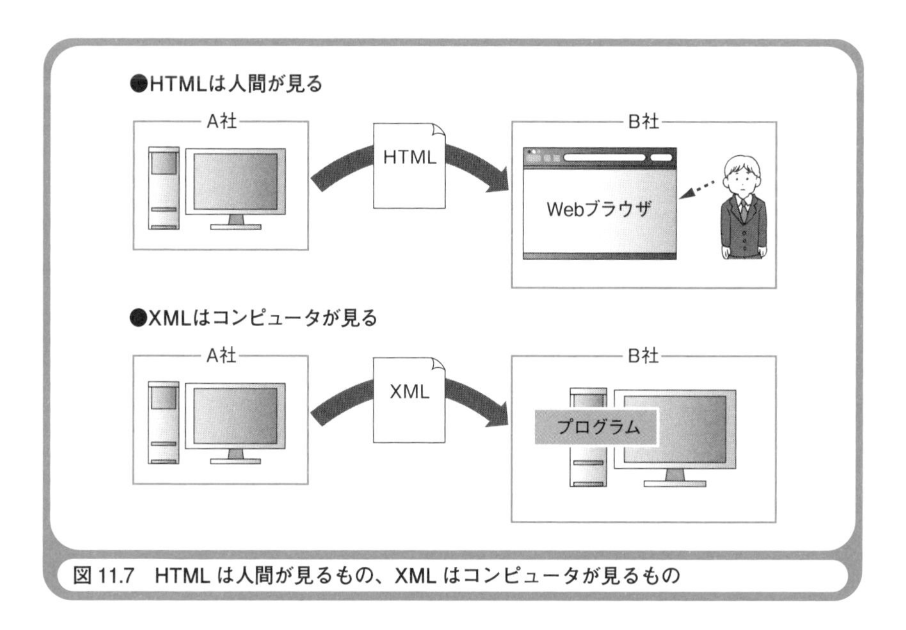

図11.7 HTMLは人間が見るもの、XMLはコンピュータが見るもの

ください――というわけです。すなわち、XMLの用途は「主にインターネットで交換されるデータに意味付けする」ということなのです(**図11.7**)。もちろん、インターネット以外の環境でXMLを使ってもかまいません。XMLが誕生した経緯として、インターネットがからんでいるのです[*2]。

XMLは汎用的なデータ交換形式である

インターネットの世界では、W3C (World Wide Web Consortium)という組織が「W3C勧告」という形でさまざまな仕様を取り決めています。XMLは、1998年にW3C勧告となっています(XML 1.0)。W3C勧告は、特定のメーカーに依存しない汎用的な仕様です。W3C勧告であるXMLは、

＊2 XMLが誕生する前に、SGML (Standard Generalized Markup Language) というマークアップ言語がありました。SGMLは、構文が複雑でありインターネットのデータ交換に向いていませんでした。XMLは、SGMLをシンプルにする形で開発されました。

汎用的なデータ形式の仕様だと言えます。すなわち、あるメーカーのあるアプリケーションがXMLファイルでデータを保存したなら、そのXMLファイルを他のメーカーの他のアプリケーションに読み込むような使い方ができるのです。同じメーカーの異なるアプリケーション間でデータを交換するような使い方もできます。

このようなメーカーやアプリケーションの種類を超えた「汎用的なデータ交換形式」というものは、XMLが最初というわけではありません。コンピュータ業界では、長年にわたって「CSV (Comma Separated Value、カンマで区切られた値)」という汎用的なデータ交換形式が使われてきました。XMLとCSVを比較してみましょう。

CSVは、XMLと同様に、文字だけから構成されたテキスト・ファイルとして作成されます。CSVファイルは、一般的にファイル名の拡張子を.csvにします。CSVは、その名が示す通り、データを「,」(カンマ)で区切って記述します。たとえば、先ほどのショッピング・サイトのデータなら、**図11.8**のように記述できます。文字列は「"」(ダブルクォーテーション)で囲み、数値はそのまま記述します。1件のレコード(意味のあるデータのまとまり)ごとに改行します。

CSVには、データが記録されているだけで、個々のデータの意味付けはありません。その点では、XMLの方が優れていると言えます。それで

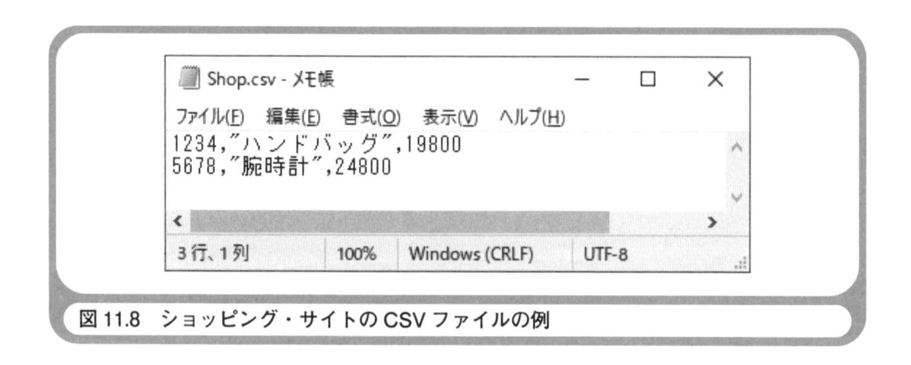

図11.8 ショッピング・サイトのCSVファイルの例

は、今後はCSVが使われなくなり、XMLだけが生き残るのでしょうか？いいえ、違います。CSVとXMLは、どちらも使われ続けるでしょう。それぞれに長所と短所があるからです。これは、コンピュータ業界に限ったことではありませんが、同じ目的のために複数の手段が存在しているなら、それぞれに長所と短所があるのです。

ショッピング・サイトのデータを<shop>、<shohin>、<bango>、<shohinmei>、<kakaku>というタグを使ったXMLファイルにしてみましょう（**図11.9**）。CSVファイルと比べてどうですか。ちょっと見ただけでも、XMLファイルの方が、データに意味付けされているので便利だとわかりますね。ただし、その分だけファイルのサイズが大きくなります。先ほどのCSVファイルのサイズは57バイトです。ところがXMLファイルのサイズは298バイトで、CSVファイルの約5倍もあります。サイズの大きなファイルは、ディスク容量を多く取り、送信時間が長くなり、処理時間も長くなります。

皆さんが普段使っているアプリケーションの中には、アプリケーショ

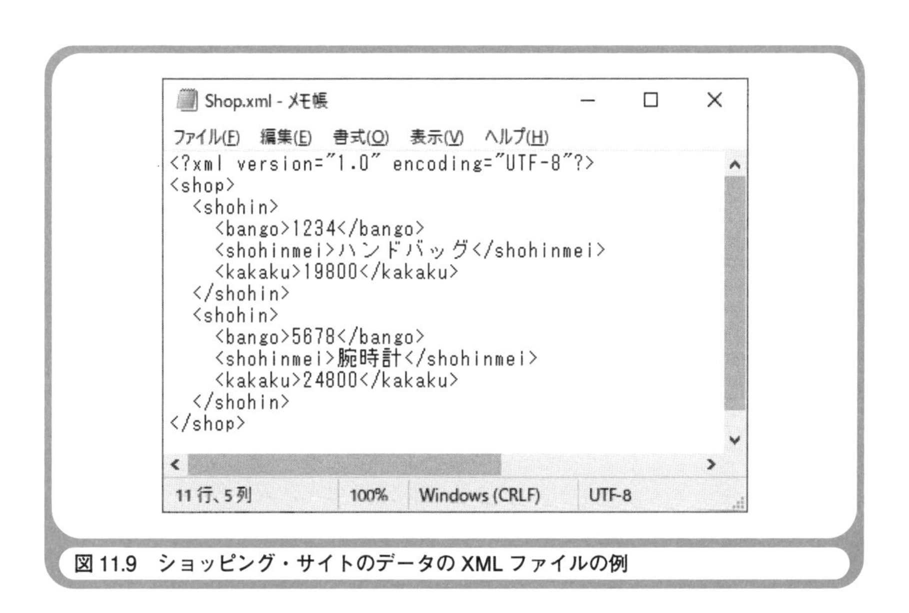


```
<?xml version="1.0" encoding="UTF-8"?>
<shop>
  <shohin>
    <bango>1234</bango>
    <shohinmei>ハンドバッグ</shohinmei>
    <kakaku>19800</kakaku>
  </shohin>
  <shohin>
    <bango>5678</bango>
    <shohinmei>腕時計</shohinmei>
    <kakaku>24800</kakaku>
  </shohin>
</shop>
```

図11.9　ショッピング・サイトのデータのXMLファイルの例

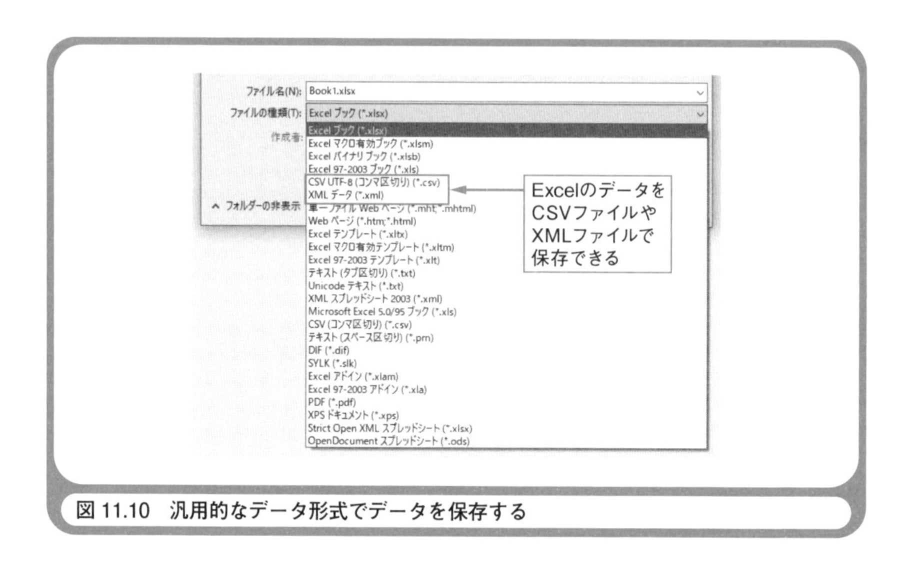

図 11.10　汎用的なデータ形式でデータを保存する

ン独自のデータ形式だけでなく、汎用的なデータ形式でもファイルを保存できるものがあります。たとえばMicrosoft Excelです。Microsoft Excel 2000まではCSVだけでしたが、Microsoft Excel 2002以降ではCSVとXMLのどちらでも保存できます(**図11.10**)。これは、汎用的なデータ形式として、これからもCSVとXMLの両方が使われ続けていくからです。

XMLのタグに名前空間を設定できる

XML文書はインターネット専用というわけではありませんが、主にインターネットを通じて世界中のコンピュータが相互にデータ交換するためのデータ形式です。そうなると、同じ名前のタグであっても、マークアップ言語の考案者によってさまざまな意味付けをしてしまう恐れがあります。たとえば、<cat>というタグを「猫(CAT)」という意味付けに使う人も、「連結(conCATenate)」*3という意味付けに使う人もいるでしょう(**図11.11**)。

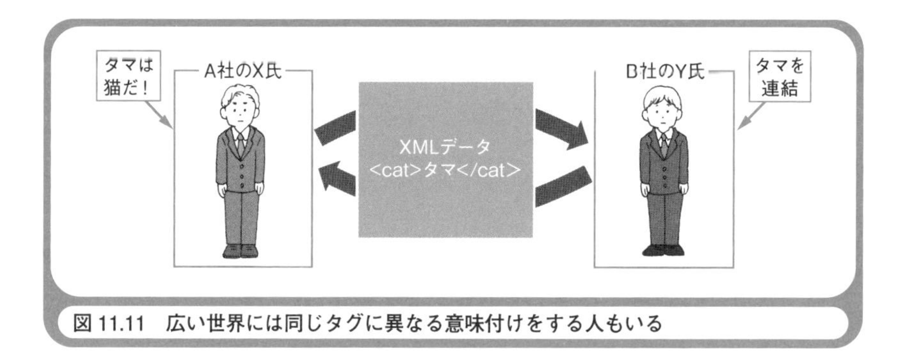

図11.11　広い世界には同じタグに異なる意味付けをする人もいる

このような混乱を避けるために「XML名前空間（XML namespaces）」というW3C勧告があります。名前空間とは、タグの名前を定義した企業や人物を表すものです。タグの属性として、「xmlns＝"名前空間の名称"」と記述することで名前空間を設定できます。「xmlns」はXMLのNameSpace（名前空間）という意味です。名前空間の名称には、世界で唯一の識別子を使います。インターネットの世界で唯一の識別子と言えば、企業のURL（Uniform Resource Locator）がよいでしょう。たとえば、グレープシティ社の矢沢が考案した<cat>というタグなら、XMLファイルの中で以下のように表せます。これなら、他の名前空間の<cat>と区別できます。

```
<cat xmlns="http://www.grapecity.com/yazawa">タマ</cat>
```

この例で、<cat>タグの名前空間として設定されたhttp://www.grapecity.com/yazawaというURLは、世界で唯一の識別子として使っているだけです。このURLをWebブラウザのアドレスに指定してもWeb

＊3　UNIX系のOSの端末では、ファイルの内容を表示するときにcatというコマンドを使います。このcatは、concatenate（連結）という意味です。コンピュータ業界では、<cat>というタグから「猫」だけでなく「連結」をイメージする人もいるでしょう。

ページが表示されるわけではありません。

XMLの文書構造を厳格に定義できる

先ほど説明した「整形式のXML文書」の他に「妥当なXML文書（valid XML document）」というものがあります。妥当なXML文書とは、XML文書の中に「DTD（Document Type Definition、文書形式の定義）」というデータを持ったもののことです。これまで説明を省略してきましたが、XMLの文書全体は、「XML宣言」「XMLインスタンス」「DTD」の3つの部分から構成されます。XML宣言とは、XML文書の先頭にある<?xml version="1.0" encoding="UTF-8"?>の部分のことです。XMLインスタンスとは、タグでマークアップされた部分です。DTDは、XMLインスタンスの文書構造を定義するものです。DTDは省略可能なのですが、DTDがあればXMLインスタンスの内容が適切な表現であるかどうか（妥当かどうか）を厳しくチェックできます。

図11.12は、DTDが記述されたXML文書の例です。「<!DOCTYPE mydate [」と「]>」で囲まれた部分がDTDです。このDTDは、<mydata>の中には1つ以上の <company>があり、<company>の中には <name>と<address>があることを定義しています。企業の名称と住所を表すXML文書だと考えてください。このようなDTDを定義しておけば、企業の名称が記述されていても、住所が記述されていない部分があったら、それは妥当なXMLインスタンスでないと判断できるわけです。ここでは、DTDの細かな書き方は気にせずに、DTDというものがあることを知ってください。

DTDと同様に、XMLインスタンスの構造を定義する手段として「XML Schema（XMLスキーマ）」もあります。DTDは、マークアップ言語の元祖とも言えるSGML（Standard Generalized Markup Language）の仕様をXMLで借用したものですが、XML SchemaはXMLのために新たに考案

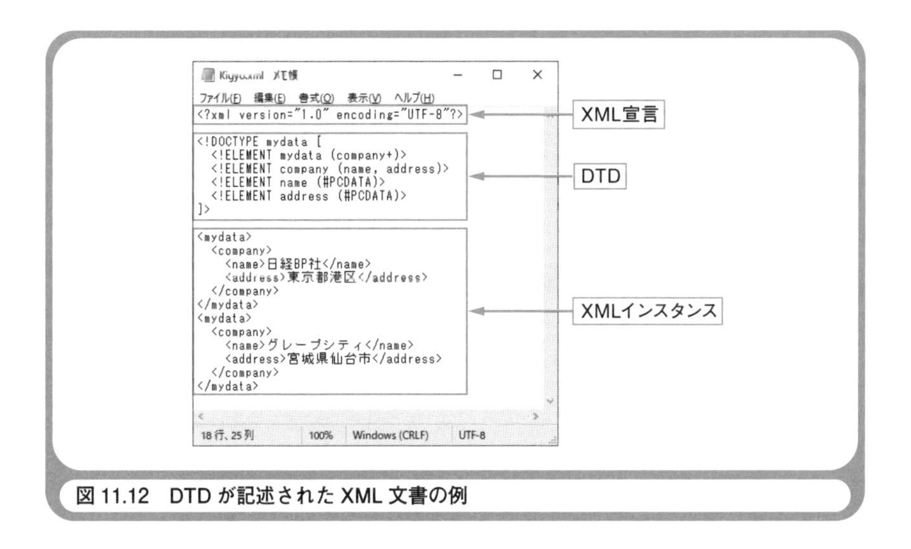

図 11.12 DTD が記述された XML 文書の例

されたものなので、データ型や桁数などを厳しくチェックできるようになっています。DTDは1996年のW3C勧告で、XML Schemaは2001年のW3C勧告です。

XMLを解釈するコンポーネントがある

XML文書としてデータを記述すれば、コンピュータで処理できると説明しました。それでは、XML文書を処理するプログラムを作るには、どうしたらよいのでしょう？

XML文書はテキスト・ファイルなのですから、何らかのプログラミング言語を使ってファイルを読み書きするプログラムを作ればよい……もちろん正解です。ただし、プログラムをゼロから手作りするのでは、あまりにも面倒です。タグを切り分ける手順は、XML文書の内容が異なっていても、ほとんど同じような処理になるはずです。「誰か、その処理を作って提供してくれないかなあ」と思うのは、筆者だけではないでしょう。

実は、XML文書を処理するプログラム部品（コンポーネント）があるのです。それは、W3C勧告となっている「DOM（Document Object Model）」および、XML-devというコミュニティによって開発された「SAX（Simple API for XML）」です。DOMもSAXも、コンポーネントの仕様であり、何らかのメーカーやコミュニティなどから実際に使えるコンポーネントが提供されます。

ここでは、例として、Pythonというプログラミング言語を使って、この章の前半で示したMyPet.xmlというXML文書を読み出し、タグとデータを取り出して表示するプログラムを作ってみましょう。Pythonには、標準でminidomというコンポーネントが装備されているので、それを使います。プログラムの内容を細かく理解する必要はありません。DOMを使うことで、簡単な手順でXML文書を処理できることだけに注目してください（**リスト11.1**、**図11.13**）。

リスト 11.1　DOMを使ったプログラムの例

```
# DOMのコンポーネントをインポートする
from xml.dom.minidom import parse

# MyPet.xmlからタグとデータを取り出して表示する
doc = parse('MyPet.xml')
node0 = doc.getElementsByTagName("pet")
for node1 in node0:
    for node2 in node1.childNodes:
        if node2.nodeName == "dog":
            print("dog・・・" + node2.childNodes[0].data)
        elif node2.nodeName == "cat":
            print("cat・・・" + node2.childNodes[0].data)
```

```
cat・・・タマ
dog・・・ポチ
```

図 11.13　リスト 11.1の実行結果

表11.2　XMLで作られた主なマークアップ言語（W3C勧告）

言語	用途
XSL	XML文書をレイアウトする
MathML	数式を記述する
SMIL	マルチメディア・データをWebページに組み込む
SVG	ベクトルを使って画像データを表現する
XHTML	WebページをXML記述するHTMLをXMLで定義したもの

XMLはさまざまな場面で利用されている

XMLを使って、さまざまなマークアップ言語が開発されています。それらの中には、W3C勧告となっているものもあります（**表11.2**）。かつては、メーカーごとにアプリケーションの独自仕様で、数式やマルチメディア・データなどが表現されていましたが、現在では、世界標準であるXML形式のマークアップ言語を利用することができます。

個々のマークアップ言語では、その目的を実現するためにさまざまなタグが定義されています。例として、数式を記述するMathML（Mathematical Markup Language）を紹介しましょう。MathMLでは、べき乗、分数、平方根などを表すタグが定義されています。MathMLで、

$$aX^2 + bX + c = 0$$

という数式を記述すると**図11.14**のようになります。

☆　☆　☆

さまざまな場面でXMLが利用されているのは、まぎれもない事実です。今後も、XMLの利用方法は、新たに考案され続けていくでしょう。ただし「あらゆるデータをXML形式にするべきだ」とは決め付けないでください。XMLは、汎用的なデータ形式であることに意味があるのです。

図 11.14　MathML で記述された数式の例

つまり、異なるマシンの異なるプログラムが相互に接続されたインターネットという環境でこそ、大いに役立つものなのです。1台のコンピュータの中だけ、もしくは1つの企業の中だけで使われるデータなら、XML形式にするメリットは、ほとんどないでしょう。ファイルのサイズが大きくなるので無駄かもしれません。「XMLは万能」ではなく「XMLは汎用」なのです。

次の最終章では、さまざまな技術を組み合わせて構築される「コンピュータ・システム」を説明します。どうぞお楽しみに！

第12章

SEはコンピュータ・システム開発の現場監督

ウォーミングアップ

本文を読む前に、ウォーミングアップとして以下のクイズに挑戦してください。

初級問題

SEは何の略語ですか？

中級問題

ITは何の略語ですか？

上級問題

システムの開発手順のモデルを1つ挙げてください。

いかがだったでしょうか。改めて聞かれると、簡潔に答えられない問題もあったでしょう。答えと解説を以下に示しておきます。

初級問題：SEはSystem Engineerの略語です。

中級問題：ITはInformation Technologyの略語です。

上級問題：システムの開発手順には「ウォーターフォール・モデル」「プロトタイプ・モデル」「スパイラル・モデル」などがあります。

解説

初級問題：SEはコンピュータ・システム開発のすべての工程にかかわるエンジニアです。

中級問題：一般的にITと言えば、コンピュータ活用を意味しますが、Information Technologyという言葉の中にはコンピュータを意味するものは含まれていません。

上級問題：ウォーターフォール・モデルによる開発手順を本文で詳しく説明します。

この章のポイント

第1章から第11章まで、コンピュータに関するさまざまな技術を個別に取り上げてきました。最終章となる第12章では、多くの技術を組み合わせて開発される「コンピュータ・システム」と、コンピュータ・システムを作り上げる「SE（エス・イー、System Engineer）」のお話をさせていただきます。技術的な話題だけでなく、ビジネス的な話題も出てきます。ビジネスには、絶対的な正解などありません。したがって、この章の中には、筆者独自の考えが含まれている場合があることをご了承ください。

さて、一昔前では「将来の目標はミュージカルで～す！」が新人アイドル歌手の決まり文句であったように、「将来の目標はSEです！」が新人エンジニアの決まり文句でした。SEには、コンピュータ・エンジニアの頂点というイメージがありました。ところが最近では、SEになりたがる人が、それほど多くないようです。顧客と交渉するのが苦手だ、プロジェクトを管理するなんて面倒だ、ジーパン姿で黙々とコンピュータに向き合っている方が気楽だ——などが、SEになりたくない理由のようです。はたしてSEとは、それほど嫌な仕事なのでしょうか？ いいえ、違います。SEは、楽しく、やりがいのある仕事です。SEに要求されるスキルと、SEの仕事内容を説明しましょう。

SEはシステム全体にかかわるエンジニア

そもそもSEとは、どのような仕事をする人なのでしょう。筆者の手元にある日経パソコン用語辞典（日経BP刊）では、SEという用語を以下のように説明しています。

> 業務のコンピュータ化にあたって、業務内容を調査分析し、コンピュータ・システムの基本設計とその細かな仕様を決める技術者のこと。システム開発のプロジェクト管理やソフトウエアの開発管理、保守管理も行う。主な仕事が基本設計であるため、プログラムを作成するプログラマとは違って、ハードの仕組みやソフ

トの構築方法、業務全般にわたる幅広い知識とプロジェクト管理の経験が要求される。

簡単に言えば「SEとは、コンピュータ・システム全体にかかわるエンジニアであり、プログラミングだけにかかわるプログラマとは違う」ということです。システムとは「複数の要素が関係しあい、まとまって機能する系統」のことです。さまざまなハードウエアとソフトウエアを組み合わせて構築されたシステムが、コンピュータ・システムです。

コンピュータ・システムは、これまで手作業で行われていた業務を効率化するために導入されます。SEは、手作業の業務内容を調査分析し、それをコンピュータ・システムに置き換える基本設計をして、細かな仕様を決めます。ソフトウエア作成（プログラミング）の作業はプログラマに任せ、SEは、プロジェクト管理やソフトウエアの開発管理を行います。コンピュータ・システムを導入した後の保守管理も行います。

すなわちSEは、コンピュータ・システム開発の最初（調査分析）から最後（保守管理）まで、すべての工程で作業を行うエンジニアなのです。プログラミングという部分的な作業を行うプログラマより、かかわる仕

表12.1　SEに要求されるスキルと、プログラマに要求されるスキル

職種	仕事の内容	要求されるスキル
SE	顧客の業務内容の調査分析 コンピュータ・システムの基本設計 コンピュータ・システムの仕様決定 開発費と開発期間の見積もり プロジェクト管理 ソフトウエア開発管理 コンピュータ・システムの保守管理	ヒアリング プレゼンテーション ハードウエア ソフトウエア ネットワーク データベース セキュリティ 管理能力
プログラマ	ソフトウエア作成（プログラミング）	プログラミング言語 アルゴリズムとデータ構造 開発ツールやコンポーネントの知識

事の範囲が格段に広いのです。そのためSEには、ハードウエアとソフトウエアからプロジェクト管理まで、多種多様なスキルが要求されます（**表12.1**）。

プログラマを経験してからSEになるとは限らない

SEは、その名が示す通りエンジニア（技術者）の一種ですが、細かな作業をコツコツとこなす「職人」ではなく、職人の面倒を見る「管理者」に近い職種だと言えます。家の建築に例えれば、プログラマが大工で、SEは親方もしくは現場監督でしょう。ただし、誤解しないでください。SEの方がプログラマより役職が上とは限りません。プログラマのキャリア・パスの延長線上にSEがあるとは限らないのです。

確かに、20代でプログラマを経験してから30代でSEになる人もいますが（プログラマ→SE）、20代で小さなコンピュータ・システムのSEを経験してから30代で大きなコンピュータ・システムのSEになる人もいるのです（新人SE→ベテランSE）。そもそもSEとプログラマでは、職種がまったく違うと考えてください。企業の中には、SE部門で担当→課長→部長というキャリア・パスがあるなら、プログラマ部門でも担当→課長→部長というキャリア・パスがあって当然なのです。

ただし、現在の日本では、大規模なプログラムであるOS（Operating System）やDBMS（Database Management System、データベース管理システム）などを作る企業がほとんど存在しないので、一般的にプログラマ部門は小規模であり、SE部門や他の管理部門の配下になっている場合がほとんどです。プログラミングを丸ごと外部企業に業務委託してしまうことさえあります。そのため、プログラマという肩書きのままで部長まで出世する人は滅多にいません。プログラマがSEの部下となっているのが実状なのです。

システム開発手順の規範とは

SEは、コンピュータ・システム開発の最初から最後まで、すべての工程にかかわるエンジニアです。コンピュータ・システムというものが、どのような手順で開発されるかを説明しましょう。何事にも、規範というものがあります。その通りに実践できなくても、お手本となる手法のことです。

コンピュータ・システムの開発手順の規範は「ウォーターフォール・モデル」と呼ばれるものです。ウォーターフォール・モデルでは、**図12.1**に示した7つの工程で開発を行います。あくまでも規範です。

1つの工程の作業が完了したら、ドキュメント（報告書）を作成して、レビュー（review、検閲）を行います。レビューのための会議を開催し、SEがドキュメントの内容を開発チームのメンバー、上司、および顧客に説明するのです。レビューに合格すると、上司や顧客からドキュメントに承認印をもらえ、先の工程に進めます。レビューに合格しないと、先の工程に進めません。先の工程に進んだら、後戻りしません。後戻りし

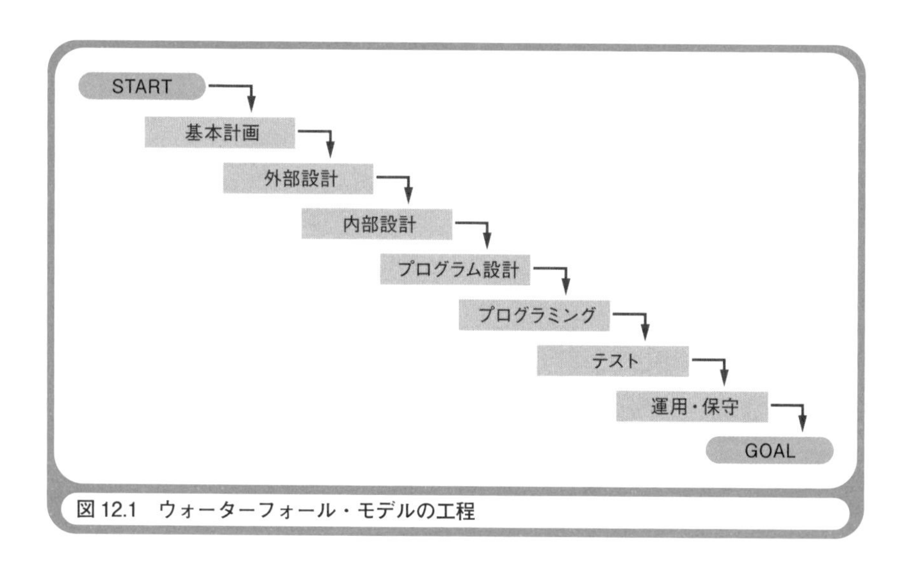

図12.1　ウォーターフォール・モデルの工程

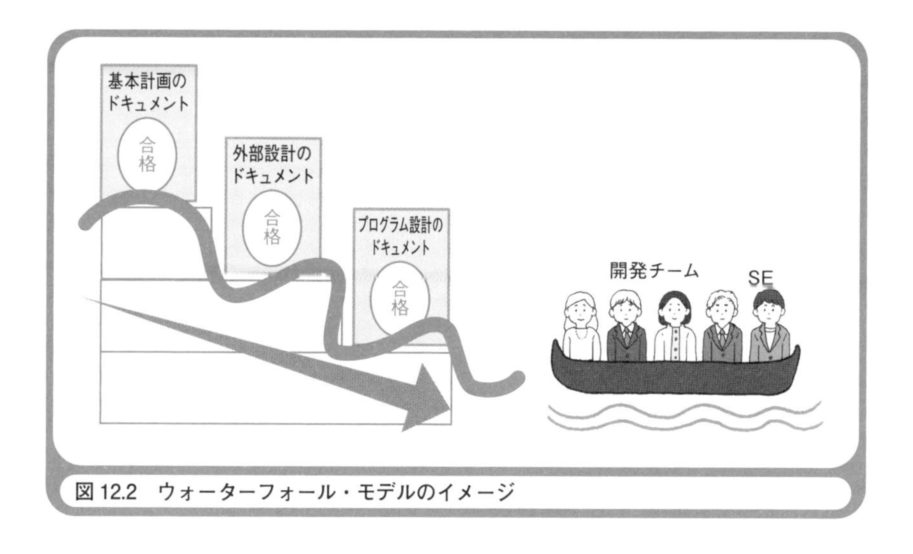

図12.2 ウォーターフォール・モデルのイメージ

なくて済むように、各工程の作業を完璧に仕上げ、徹底的にレビューを行うのが、ウォーターフォール・モデルの特徴です。開発手順の流れが、まるで滝のように段階的で後戻りしないからwaterfall（滝）と呼ばれるのです。開発チームを乗せた船が、いくつもの滝を克服（レビューに合格）しながら上流から下流まで川下りをしていくイメージです（**図12.2**）。この船の船頭は、もちろんSEです。

各工程の作業内容とドキュメント

ウォーターフォール・モデルの各工程の作業内容とドキュメントの種類を説明しましょう。ドキュメントの種類に決まりはありません、これらはあくでも一例です（**表12.2**）。

「基本計画」の工程では、SEがコンピュータ・システムの顧客にヒアリングを行い、現状の手作業の業務内容を調査分析します。その結果として 作成されるドキュメントは「システム計画書」や「システム機能要求仕様書」などです。

表12.2　各工程で作成されるドキュメントの種類の例

工程	ドキュメント
基本計画	システム計画書、システム機能要求仕様書
外部設計	外部設計書
内部設計	内部設計書
プログラム設計	プログラム設計書
プログラミング	モジュール設計書、テスト計画書
テスト	テスト報告書
運用・保守	運用手順書、保守報告書

コンピュータ・システムの設計は、3つの工程に分けられます。くどいようですが、あくまでも規範としてです。1つ目の「外部設計」は、コンピュータ・システムを外側から見た設計です。取り扱うデータ、画面のユーザー・インタフェース、およびプリンタに印字する帳票などを設計します。2つ目の「内部設計」は、コンピュータ・システムを内側から見た設計です。外部設計の内容を具現化するための詳細な設計を行います。コンピュータ業界で、「外部」「内部」という言葉が出てきたら、ユーザーの視点から見たものを「外部」と呼び、開発者の視点から見たものを「内部」と呼ぶのが一般的です。外部設計はユーザーに見える部分の設計で、内部設計は開発者に見える（ユーザーには見えない）部分の設計と考えればわかりやすいでしょう。3つ目の「プログラム設計」は、内部設計の内容をプログラムに置き換えるためのさらに詳細な設計です。以上3つの設計工程の結果として「外部設計書」「内部設計書」「プログラム設計書」などのドキュメントが作成されます。

「プログラミング」の工程では、プログラム設計書の内容に基づいて、プログラマがプログラムの打ち込み作業（コーディング）を行います。十分なプログラム設計が完了していれば、プログラミングはとても単純な作業となります。プログラム設計書の内容をプログラミング言語の表現に置き換えるだけだからです。ドキュメントとしては、プログラムの構造を示す「モジュール設計書」や、次の工程のための「テスト計画書」が作成されます。モジュールとは、プログラムの構成要素のことです。

「テスト」の工程では、テスト計画書の内容に基づいてプログラムの機能を確認します。ドキュメントとして作成される「テスト報告書」では、テスト結果を定量的に（数字で）示さなければなりません。「テストしました」や「大丈夫でした」などという漠然としたテスト結果では、合否を判定できません。

テスト結果を定量的に示す方法には、「システム機能要求仕様書」に示された個々の機能を確認できたら赤ペンで塗りつぶしていく「塗りつぶしチェック」、すべてのコードの動作を確認したことを示す「カバレージ（coverage）」などがあります。「塗りつぶしチェックで95％の機能が適切に動作することを確認しました」や、「80％のカバレージを完了しました」という定量的なテスト結果なら、進捗や合否の判断ができます。

テストに合格したら、「運用・保守」の工程となります。「運用」は、コンピュータ・システムを顧客の環境に導入（インストール）して使ってもらうことです。「保守」は、コンピュータ・システムの正常な動作を定期的に確認し、必要に応じてファイルのバックアップを取ったり、場合によっては部分的な改造を行ったりたりすることです。この工程は、顧客がコンピュータ・システムを使っているかぎり、いつまでも続きます。作成されるドキュメントは「運用手順書」や「保守報告書」などです。

設計とは細分化のことである

もう一度だけ、図12.1に示したウォーターフォール・モデルの工程を上流から下流まで追ってみてください。基本計画からプログラム設計までは、コンピュータ・システムに置き換えられる手作業の業務を小さな要素に細分化していく作業です。プログラミングから運用・保守までは、細分化された小さな要素をプログラムのモジュールとして作成し、モジュールを結合してコンピュータ・システムに仕上げる作業です。

大きなものを、大きなまま作り上げることはできません。これは、コンピュータ・システムに限ったことではありません。建物でも飛行機でも同じです。大きなものは、小さな要素に分けて設計します。個々の要素の設計図と、全体の設計図ができるでしょう。個々の要素の設計図から小さな部品（プログラムのモジュール）を作成します。個々の部品をテスト（単体テスト）してOKなら、全体の設計図を見ながら部品を組み合わせます。組み合わせた部品が正しく連携して動作することをテスト（結合テスト）します。このようにして、大きなコンピュータ・システムが開発されるのです（**図12.3**）。

コンピュータ・システムの設計とは、細分化すなわちモジュール化のことだと言えます。プログラムのモジュール化には、大きく分けて2つの技法があります。「プロセス指向」と「オブジェクト指向」です（**表12.3**）。

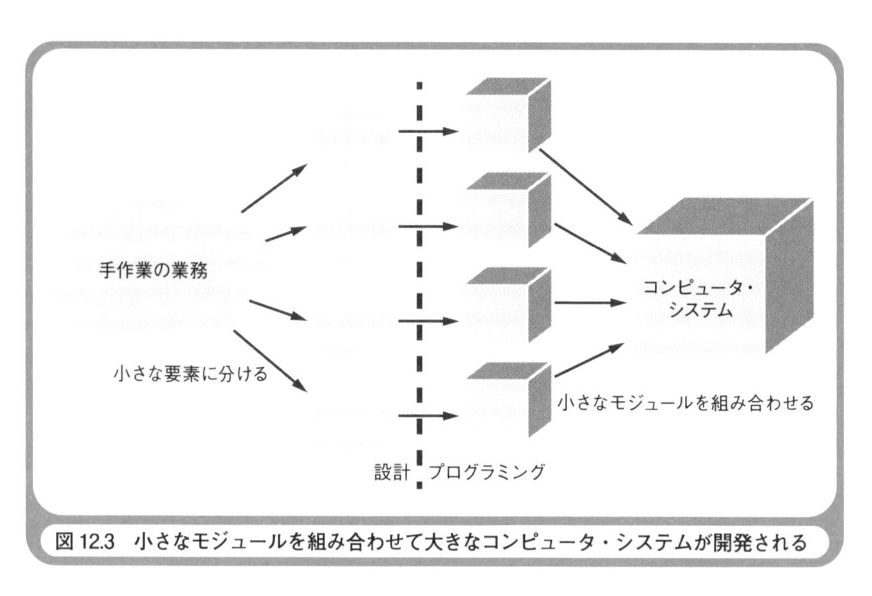

図12.3　小さなモジュールを組み合わせて大きなコンピュータ・システムが開発される

表12.3 プログラムのモジュール化の技法

技法	考え方
プロセス指向	プロセス（処理）をモジュールとする
オブジェクト指向	オブジェクト（物）をモジュールとする

プロセス指向は、「手続き型プログラミング」と呼ばれることもあります。

コンピュータ・システムは、手作業で行われていた業務をコンピュータに置き換えて効率化するものです。設計時には、手作業の業務をコンピュータの都合に合わせてモジュール化することになります。プロセス指向では、業務の中にある処理をモジュールにします。オブジェクト指向では、業務の中にある物をモジュールにします。これら2つの指向は、どちらかが優れているというものではありません。設計する人の感覚に合わせて使い分けるものです。

テクニカル・スキルとコミュニケーション・スキル

これまで説明してきたように、SEに要求されるスキルには多種多様なものがありますが、大きく分けると「テクニカル・スキル（technical skill）」と「コミュニケーション・スキル（communication skill）」の2つに分類できます。テクニカル・スキルとは、ハードウエア、ソフトウエア、ネットワーク、データベース、セキュリティなどの技術を使いこなす能力のことです。コミュニケーション・スキルとは、人間同士で情報交換する能力のことです。双方向の情報交換の能力が要求されます。情報交換の1つの方向は、SEが顧客などから情報を聞き出す「ヒアリング（SE←顧客）」で、もう1つの方向は、SEが顧客などに情報を伝える「プレゼンテーション（SE→顧客）」です。SEは、テクニカル・スキルとコミュニケーション・スキルの両方を身に付けなければなりません。そのためには、まず両方の基礎知識をしっかりマスターしておくことが重要です。

図 12.4　SE のスタンス＝ IT がわかる人

テクニカル・スキルの基礎知識とは、第1章からずっと説明してきたことです。それでは、コミュニケーション・スキルの基礎知識とは、いったい何でしょう？ きちんとあいさつができること、正しい日本語で文書を作成できること、大きな声で話ができること――もちろん、どれも重要なことです。一般的な社会人としての常識を持つことは、コミュニケーション・スキルの基礎知識だと言えます。さらに、SEという社会人としての常識というものも持たなければなりません。それは「ITとは何かを知ること」です。社会人には、スタンス（stance、立場）というものがあります。SEとして顧客の前に立てば、顧客はSEのことをITがわかる人だとみなします（**図12.4**）。もしも、SEがITをわかっていなかったら、どうなるでしょう。コミュニケーションなど成り立つはずがありませんね。

筆者は、SEを目指す新入社員向けのセミナーで「SEから顧客への第一声は何だと思いますか？」というクイズを出すことがあります。新入社員の多くは「どんなコンピュータ・システムが必要なのですか？」と答えます。これでも間違いではありませんが、大正解とは言えません。顧客の根本的な望みは、コンピュータ・システムを導入することではないからです。顧客は、現状の問題をコンピュータで解決できることを期待しているのです。したがって、SEから顧客への第一声は「何にお困りなのですか？」です。顧客が困っていることをヒアリングし、その解決策すなわちITソリューションを提案するのがSEの役目です。

ITとはコンピュータ導入のことではない

ITは、Information Technology（情報技術）の略語ですが、「情報活用技術」と訳すとわかりやすいでしょう。世間一般では、IT化と言えばコンピュータ導入のことであり、IT産業と言えばコンピュータ業界のことですが、SEは「IT＝コンピュータ導入」と考えてはいけません。コンピュータは、ITの道具なのです。極端に言えば、コンピュータを使わないITもありえます。

たとえば、皆さんは、社外の人からもらった数十枚～数百枚の名刺をお持ちでしょう。それらの名刺をどのように活用されていますか？「名刺フォルダに入れて、あいうえお順に分類し、電話や郵便で連絡したいときに参照している」……なかなかITしてますね！「お中元やお歳暮を贈るかどうかを区別するために、仕入先、販売先などに分類している」……ますますITしてますね！ ここで「ITしてますね！」とは「情報活用してますね！」という意味です。コンピュータを使っていなくても、手作業で情報活用しているなら立派なITだからです。「名刺の上に取引記録を手書きで記入してきたが、あまりにも面倒だ」……おおっ！ こうなったらいよいよコンピュータの出番です。手作業のITの問題をコンピュータで解決しましょう（**図12.5**）。

SEは、手作業の業務を分析し、顧客の抱える問題をコンピュータで解決する手段を提案します。もしも、手作業の業務でまったく“ITできていない”顧客が「コンピュータを導入すれば自然と“ITできる"」と信じていたらどうしましょう。SEは、コンピュータが何でも解決できる夢の機械でないことを顧客に説明することになります。

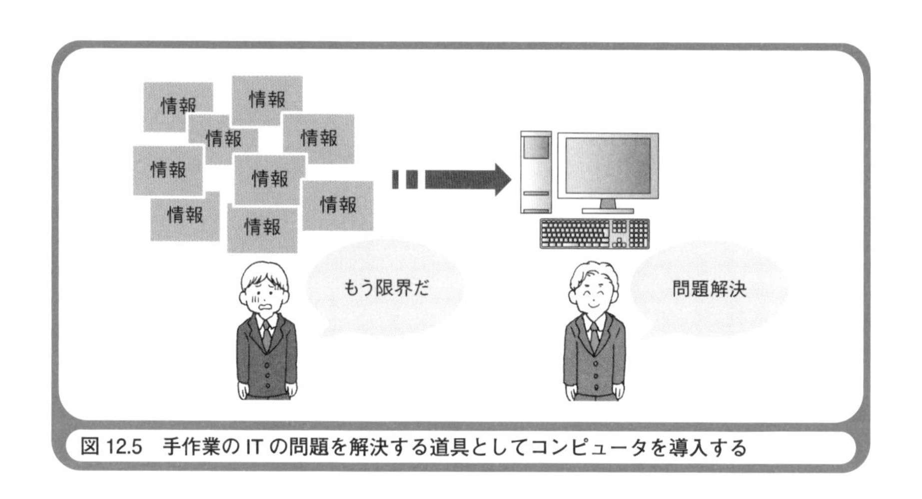

図 12.5　手作業の IT の問題を解決する道具としてコンピュータを導入する

コンピュータ・システムの成功と失敗

この章の冒頭で、SEは、とても楽しく、とてもやりがいのある仕事だと説明しました。その理由は、コンピュータ・システムの導入が成功すれば、大きな達成感を得られるからです。これは、顧客と直接コミュニケーションできるSEならではの特権です。「できたね！　助かったよ！ありがとう！」という顧客の笑顔に触れ、「また困ったときは頼むよ！」という顧客の信頼を得られたなら、SEという社会人として心から満足できるでしょう。そのためには、何としてもコンピュータ・システムの導入を成功させなければなりません。

成功したコンピュータ・システムとは何でしょう？　それは、顧客の要求を十分に満たしたコンピュータ・システムです。顧客は、コンピュータの技術を望んでいるのではありません。コンピュータによるITソリューションを期待しているのです。顧客の要求どおり役に立ち、安定して稼働するコンピュータ・システムでなければなりません。成功か失敗かを判断するのは、とても簡単なことです。導入したコンピュータ・システムが、顧客に使われていれば成功なのです。失敗したコンピュータ・システムというものは、どんなに高度な技術を使い、どんなに美しいユーザー・インタフェースであったとしても「やっぱり手作業の方が仕事がやりやすい」という理由で使われません。

ここで、コンピュータを使ったITソリューションを提案する練習をしてみましょう。名刺フォルダを使った手作業のITに限界を感じている顧客がいるとします。どのような提案をしますか？「名刺管理システム」のような特注品のコンピュータ・システムを提案すると考えたなら、ちょっと待ってください。顧客には、予算というものがあるのです。SEは、金銭面の心配もしなければなりません。顧客の予算に合わないような過剰品質のコンピュータ・システムを提案してはいけません。

この顧客の場合は、PC１台＋プリンタ１台＋Windows＋市販の住所録ソフト（たとえば年賀状ソフト）という構成で十分でしょう（**図12.6**）。このような市販品だけを組み合わせた構成でも、立派なコンピュータ・システムであり、立派にITソリューションを提供できます。コンピュータ・システム導入にかかる費用は、総額で20万円以内に収めることができるでしょう。顧客は「20万円以内なら導入してみよう」と言ってくれるはずです。

このコンピュータ・システムを導入し、顧客に使ってもらえたなら成

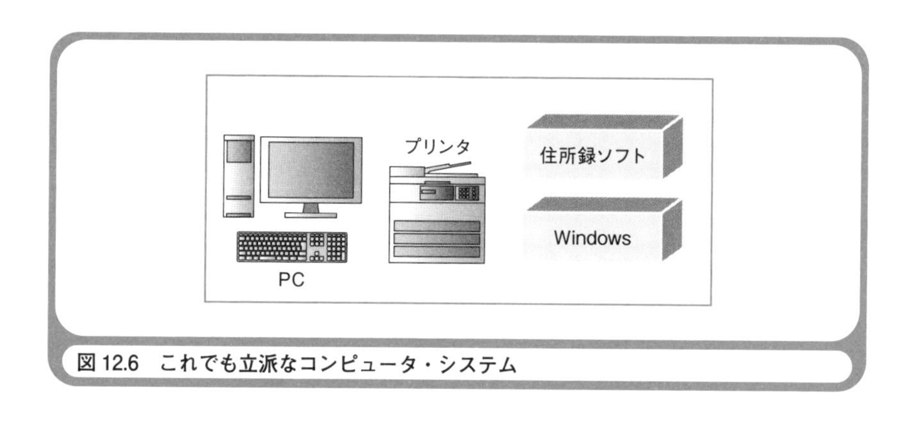

図12.6　これでも立派なコンピュータ・システム

功です。そのためには、必要なときに必ず使える配慮も必要になります。コンピュータ・システムには、障害が付き物です。どのような障害が発生するかを予測し、障害を未然に防ぐ対策をしておきましょう。顧客にとって最も大切なのは、20万円あれば何度でも購入し直せる市販品ではありません。PCのハード・ディスクの中に記録された名刺の情報です。万一ハード・ディスクがクラッシュしても大きな損害とならないように、定期的なバックアップを取る提案をしましょう。

障害対策のために、バックアップ用のUSBメモリやSDカードなどの購入費用がかかります。これらは、保守費用だと言えるでしょう。多くの顧客は、コンピュータ・システムの導入後にかかる保守費用を嫌がるものです。SEは、顧客に保守費用の必然性を理解させなければなりません。そのためのポイントは、情報の価値を知らせることです。「あなたの情報には、保守費用には代えられないほどの価値があるはずです」と説得すれば、顧客は納得してくれるはずです。

稼働率を大幅に上げる多重化

情報をバックアップする仕組みを追加したコンピュータ・システムは、顧客の要求を十分に満たすものでしょうか？ まだまだ心配ですね。現状のコンピュータ・システムでは、PCとプリンタが1台ずつしかありません。どちらかが故障したら、コンピュータ・システム全体が使えなくなってしまいます。コンピュータ・システムを構成する個々の要素の状態は、正常に動作中か、ダウンして修理中かのいずれかです。正常に動作している状態の比率を「稼働率」と呼びます。稼働率は、**図12.7**に示した簡単な計算式で求められます。

コンピュータ・システムを構成する要素を多重化すると、稼働率をビックリするほど向上できることを覚えておいてください。具体例をお見せしましょう。現状では1台ずつ使われているPCの稼働率が90％で、プ

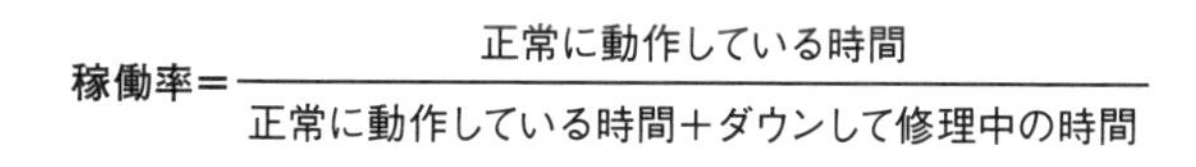

図12.7　稼働率の計算式

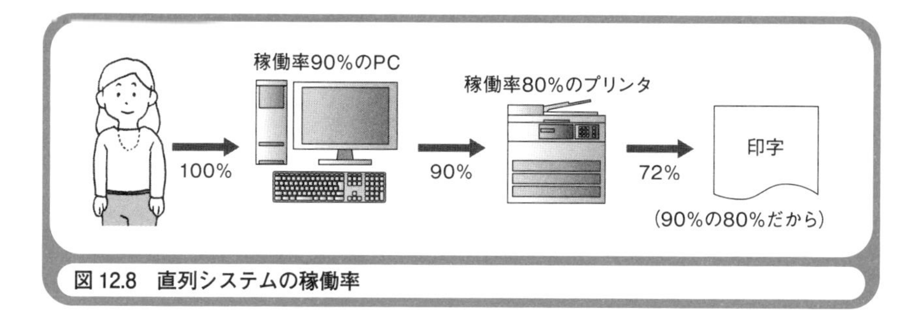

図12.8　直列システムの稼働率

リンタの稼働率が80%だとしましょう（実際のPCやプリンタの稼働率は、もっと大きな値ですが、計算しやすい値にしています）。このコンピュータ・システムは、ユーザーが入力した全情報の90%がPCを通過してプリンタにたどりつき、さらに90%の情報の80%がプリンタを通過して無事に印字される「直列システム」だと言えます。したがって、コンピュータ・システム全体の稼働率は、90%のさらに80%ということで、0.9×0.8＝0.72＝72%となります（**図12.8**）。

今度は、同じ機能のPCとプリンタを2台ずつ使った「並列システム」にしてみましょう。PCもプリンタも、どちらか一方が動作していれば、コンピュータ・システム全体はダウンしていないことになります。PCの稼働率は90%なのですから、その逆の「故障率」は10%です（100%－90%＝10%）。PCが2台とも同時に故障する確率は、10%×10%＝0.1×0.1＝0.01＝1%です。したがって、2台のPCをまとめて考えた場合の稼働率は、100%－1%＝99%　です。同様にして、プリンタの稼働率は80%なのですから、故障率は20%です（100%－80%＝20%）。プリ

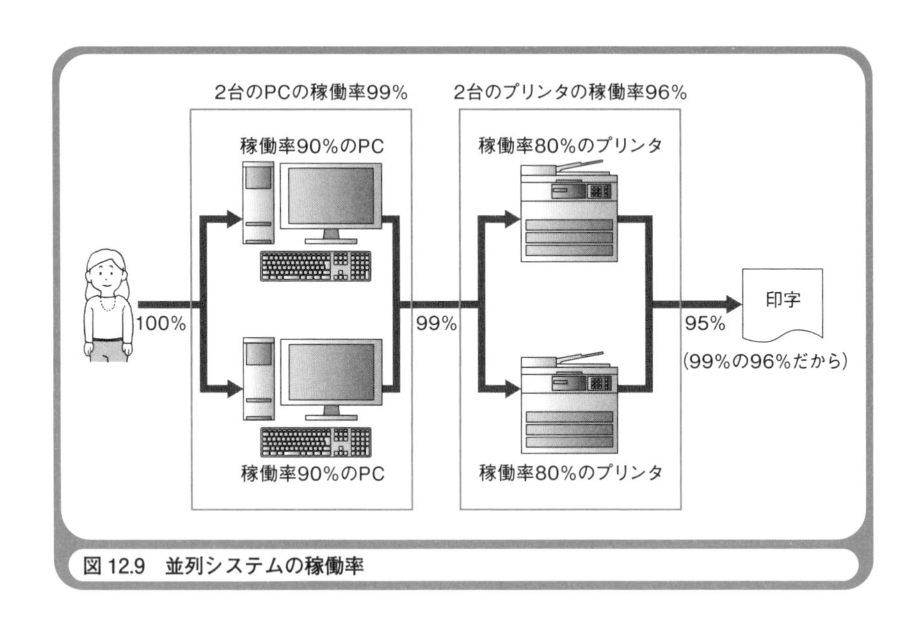

図 12.9　並列システムの稼働率

ンタが2台とも同時に故障する確率は、20％×20％＝0.2×0.2＝0.04＝4％です。したがって、2台のプリンタをまとめて考えた場合の稼働率は、100％－4％＝96％です。以上のことから、PCとプリンタを2台ずつ使った並列システムは、99％の稼働率のPCと96％の稼働率のプリンタの直列システムと考えることができ、その稼働率は、0.99 × 0.96 ≒ 0.95 ＝ 95％になります(**図12.9**)。

PCとプリンタを1台ずつ使った場合の稼働率は72％でしたが、それぞれ2台に増やすと稼働率が一気に95％まで上がりました。この数字を見せれば、顧客は、費用が20万円の2倍の40万円になることを納得してくれるでしょう。このように、SEは、技術に裏づけされた提案ができなければなりません。

☆　☆　☆

コンピュータ業界に"SEの方がプログラマより格が上"というイメージがあるのは事実です。それでは、すべてのコンピュータ技術者は、将来的にSEを目指すべきなのでしょうか？　プログラミングが大好きでも、生涯プログラマでいたいと思うのは間違いなのでしょうか？……そんなことは、ありません。生涯プログラマのままでいいと思います。

ただし、コンピュータ業界のプロなら、技術だけに注目し続けていてはいけません。技術がわかりコンピュータがわかることは、確かに楽しいことではありますが、それだけでは、いずれ仕事が面白くなくなります。30代ぐらいでコンピュータ業界を去っていく人は、技術に追い付けなくなるのではなく、仕事が面白くなくなってしまうのです。

プロ（社会人）は、社会貢献してこそ本当の達成感が得られ、仕事が面白くなるのです。「それなら、プログラマであっても社会貢献するという意識があればよいのではないか？」と思われるでしょう。その通りです！SEでもプログラマでも、コンピュータにかかわるすべてのエンジニアは「コンピュータ技術を社会の役に立てるのだ」という意識を持ってください。そうすれば、生涯の仕事としてコンピュータと楽しく付き合っていけるはずです。

おわりに

本書が誕生した経緯をお話ししましょう。本書の前作である『プログラムはなぜ動くのか』は、日本国内で20万部を超える大ヒットとなりました。韓国語と中国語にも翻訳されて、海外の人たちにもお読みいただいております。本当にありがとうございます。感謝！ 感謝！ です。ただし、喜んでばかりもいられません。多くの皆様からお送りいただいた愛読者カード（当時の書籍には、読者アンケートのハガキが挟まれていました）の中に「話題なので買ったが、内容が難しすぎて理解できなかった」という感想があったからです。筆者は、とても申し訳ない気持ちになりました。次作は、絶対的な基礎から始めて、知識の範囲とゴールを明確に示し、さらに前作よりわかりやすく説明しよう、と強く思いました。そうして誕生したのが本書です。今回の改訂でも、このときの思いを込めて作業をいたしました。いかがだったでしょうか。皆様に、「コンピュータがわかった」「コンピュータがもっともっと楽しくなった」と感じていただけたら幸いです。

謝辞

本書の発行および改訂に際して、企画の段階からお世話になりました日経ソフトウエア（連載時）の柳田俊彦編集長、矢崎茂明記者、出版局（当時）の高畠知子様、田島篤様、そしてスタッフの皆様全員に、心より感謝申し上げます。日経ソフトウエアに連載された「コンピュータは難しくない」の記事、および本書の第1版に対して、筆者の説明不足や誤りへのご指摘、ならびに激励の言葉をお寄せくださいました読者の皆様にも、この場をお借りして厚く御礼申し上げます。

索引

著者プロフィール

矢沢 久雄（やざわ・ひさお）

1961年 栃木県足利市生まれ
株式会社ヤザワ 代表取締役社長
グレープシティ株式会社 アドバイザリースタッフ

大手電機メーカーでパソコンの製造、ソフトハウスでプログラマを経験し、現在は独立して、パッケージソフトの開発と販売に従事している。本業のかたわら、プログラミングに関する書籍や記事の執筆活動、学校や企業における講演活動なども精力的に行っている。自称ソフトエア芸人。

主な著書

『プログラムはなぜ動くのか』（日経BP）
『情報はなぜビットなのか』（日経BP）
『出るとこだけ！基本情報技術者テキスト＆問題集』（翔泳社）
『C言語プログラミングなるほど実験室』（技術評論社）
『10代からのプログラミング教室』（河出書房新社）
ほか多数

初出

日経ソフトウエア2002年7月号～2003年6月号「コンピュータは難しくない」第1回～第12回
本書は上記連載を全面的に見直し、加筆・修正したものです。

コンピュータはなぜ動くのか 第2版

知っておきたいハードウエア&ソフトウエアの基礎知識

2003年 6 月 2 日　初版第 1 刷発行
2022年 5 月27日　初版第24刷発行
2022年10月17日　第2版第1刷発行
2024年 7 月 2 日　第2版第5刷発行

著　者　矢沢 久雄
発行者　中川 ヒロミ
発　行　株式会社日経BP
発　売　株式会社日経BPマーケティング
〒105-8308
東京都港区虎ノ門4-3-12

イラスト　野田 映美
装幀　折原 若緒
制作　クニメディア株式会社
印刷・製本　TOPPANクロレ株式会社
cover photograph/©Thanee Hengpattanapong / EyeEm

ISBN978-4-296-00123-1

コンピュータの回路図 （配線を色鉛筆でなぞってみよう！）

※基本情報技術者試験のCOMET Ⅱの仕様を基に独自作成した回路図です

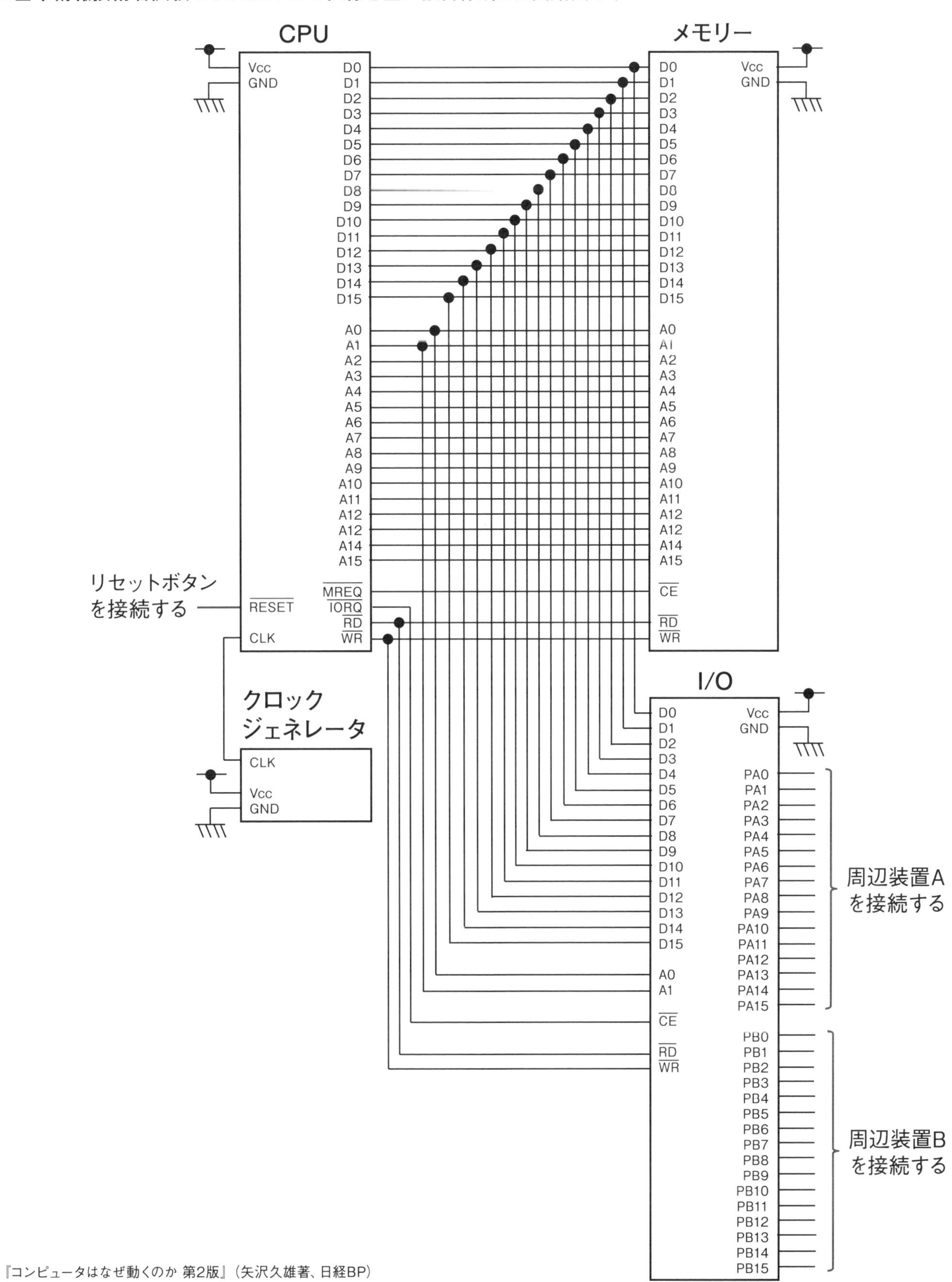

『コンピュータはなぜ動くのか 第2版』（矢沢久雄著、日経BP）